肺癌全攻略

潘智文醫生・楊重禮醫生・黃敬恩醫生 合著

潘智文醫生

臨床腫瘤科專科醫生

潘智文醫生畢業於澳洲亞德雷德大學醫學院，在 1996 年加入香港伊利沙伯醫院臨床腫瘤科服務，並獲取香港放射科醫學院院士、英國皇家放射科醫學院院士、香港醫學專科學院院士及英國卡的夫大學紓緩醫學碩士等名銜。潘醫生亦曾任香港浸信會醫院臨床腫瘤科顧問醫生，現時私人執業。

在伊利莎伯醫院臨床腫瘤科行醫的歲月裏，她選擇了專注肺癌的治療和研究，從此加入了「肺醫」的行列，見證著肺癌醫療在這二十個年頭的發展，由最初的藥石無靈至現今的百花齊放， 肺癌彷彿已由一個死症進化為長期病患。潘醫生亦期盼藉着治療科技的日益進步，能為更多肺癌患者燃點生命的希望。

黃敬恩醫生

呼吸系統科專科醫生

黃敬恩醫生畢業於香港大學，其後於香港大學瑪麗醫院擔任副顧問醫生及榮譽臨床助理教授。2005 年於日本千葉大學深造，該大學為支氣管鏡超聲波 (EBUS) 發源地。黃醫生曾在日本，聯同德國專家發表全球首份以 EBUS 診斷類肉瘤論文。行醫超過 20 年，黃醫生將 EBUS、微型超聲波探頭及留置式胸腔等引進香港，為本港介入性胸肺學奠下基礎。

楊重禮醫生

心胸肺外科專科醫生

楊重禮醫生 1995 年畢業於香港大學醫學院，其後加入香港醫管局瑪麗醫院、東華醫院外科部，曾於葛量洪醫院、伊利沙伯醫院以及威爾斯親王醫院心胸肺外科部服務，並獲取香港外科醫學院院士、英國愛丁堡皇家外科醫學院心胸肺外科院士、香港醫學專科學院院士(外科)等名銜，亦曾出任威爾斯親王醫院外科部副顧問醫生及香港中文大學醫學院外科部榮譽臨床助理教授，現時私人執業。

楊醫生重視與病人建立互信，認為對病人及其家人清楚講解病症以及療程的每一步，是整個醫療過程中不可或缺的一部分。只有透過真誠溝通，才能減輕患者及家人面對疾病的焦慮。

他由衷相信，亦一直推崇，有效的疾病治療和管理，尤其是肺癌這類病症，該從跨專科團隊決定治療方案入手。這本書正成就了一個寶貴平台，讓三位不同專科的醫生，分享各自肺癌治療的經驗與意見，希望能為病人帶來跨專科專業的資訊，幫助他們循正確方向走向康復之路。

【序】

肺癌在香港非常普遍，是不論男女也有機會患上的嚴重疾病。病人教育及公眾教育雖為醫生日常工作中的重要一環，卻常受忽略。難得三位醫生如此有心，合力撰寫這本肺癌書，為病人及公眾提供實用資訊，實在令人可喜。透過精確文字及問答形式，此書涵蓋肺癌的風險因素、臨床徵狀、診斷、追蹤及管理，連對非吸煙患者尤其有用的標靶治療，亦包括其中。文字更配以大量彩色插圖，內容豐富，講解清晰，相信對肺癌患者甚有幫助。謹在此恭賀潘醫生、楊醫生及黃醫生。

林華杰教授

香港大學榮休教授

名譽臨床醫學教授

瑪麗醫院內科學系呼吸系統科主任(1989-2007)

【序】

女兒早已長大，爸爸的功能也相應日漸式微，除在她咭數高企時伸出援手外，餘下最大功能便是提供醫療資訊。

「爸爸，這幾天肚子不舒服，怎辦？」

「爸爸，我同事的媽媽的妹妹剛發現癌症，她想問你用什麼治療。」

「爸爸……」當然爸爸也極樂意發揮餘下功能為女兒一一解答。

香港現時約只有一萬四千多位註冊醫生，故此大部分市民家裡沒有一位當醫生的爸爸或媽媽。這也正是黃敬恩、楊重禮和潘智文三位名醫花上不少心機時間寫作此書的原因，他們便是你家裡的醫生爸媽，是有問必答的好爸媽。

此書收集肺癌病人最常見的問題，三位好爸媽逐一細心解答，以簡單文字解答複雜醫學問題是一門藝術，這點他們十分到家。

幾十塊錢便可以把好爸媽帶回家，最便宜不過。

莫樹錦教授

香港中文大學臨床腫瘤學系教授

肺癌全攻略

【第一章】

症狀與診斷

黃敬恩醫生【成因症狀篇】
楊重禮醫生 / 黃敬恩醫生【肺癌診斷篇】

成因症狀篇

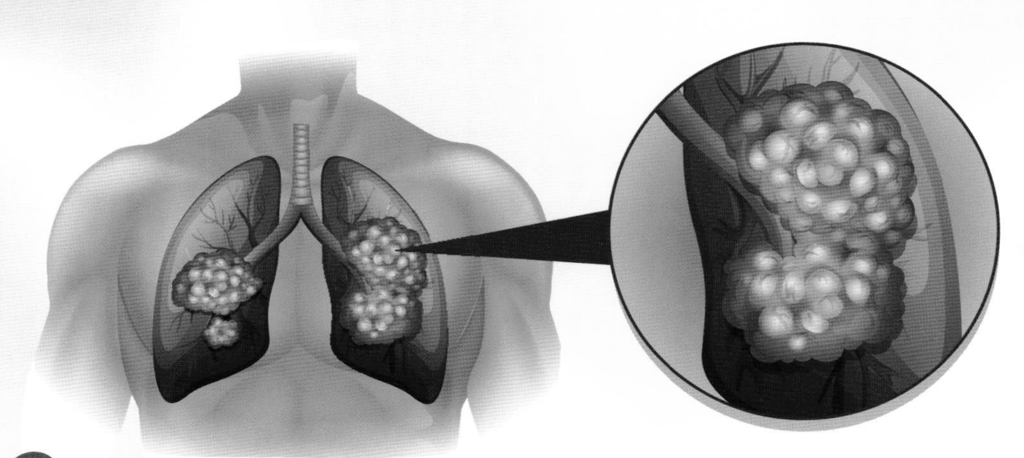

Q 肺癌就只是長在肺部的腫瘤嗎？

A 在肺部出現的腫瘤，不一定源自肺部，而可由別的器官轉移至肺。腫瘤如乳癌、腸癌、腎癌、肝癌、子宮癌等均有機會轉移至肺部。相反，肺癌較傾向轉移至其他器官，如腦部、骨骼、肝臟、腎上腺等。不少人是因為手腳不靈活或腰背痛，才發現患上肺癌。

Q 肺癌不就是肺癌？為何有時又會聽到別人說「肺腺癌」、「非小細胞肺癌」？它們都是一樣的嗎？

A 肺癌傳統以顯微鏡的區分方法，即小細胞癌及非小細胞癌，而非小細胞癌又可再細分為腺狀癌、鱗狀癌、大細胞癌及未分化癌。

部分腺狀癌與基因突變有關，大部分基因突變也是自腺癌中發現，但愈來愈多數據發現，其他非小細胞肺癌也有基因突變，故將來或會改為以基因排序，而不是顯微鏡的方法來區分肺癌。基因突變與標靶治療相關，基因排序的方法可確定腫瘤是否帶有突變基因，以確定是否可以使用口服標靶藥物作為一線治療。至於小細胞癌，目前發現有基因突變的極少，反而與吸煙關係極為密切。

Q 吸煙必定患肺癌！不吸煙就不會患肺癌？

A 不正確。醫學界經常會發現一些與吸煙無關的肺癌個案，這類個案甚至有上升趨勢。

吸煙與不吸煙者所患的肺癌，屬兩種完全不同的肺癌。與吸煙有關的肺癌，以鱗狀細胞癌及小細胞癌較常見。腺狀癌則可發生在吸煙及非吸煙人士身上，但非吸煙人士的肺癌則以腺狀癌為多。

Q 不吸煙人士患肺癌比例日增，跟煮食油煙有關係嗎？

A 外國有小型研究發現：煮食油煙與肺癌有關。始終煮食釋放出的都是空氣污染物。但與其擔心煮食容易患肺癌，不妨想想，平常接觸得最多煮食油煙的廚師，他們理應比一般人更易患肺癌！事實卻是：廚師並非肺癌的高危一族，故煮食與肺癌有關之說，仍然值得商榷。

即使如此，亦別忘記，身處充滿油煙的環境，理想的通風系統仍不可缺。例如廚師每天需烹調幾百人的食物，如廚房內的抽風設備理想，先不説癌症，至少也能降低氣管疾病可能。

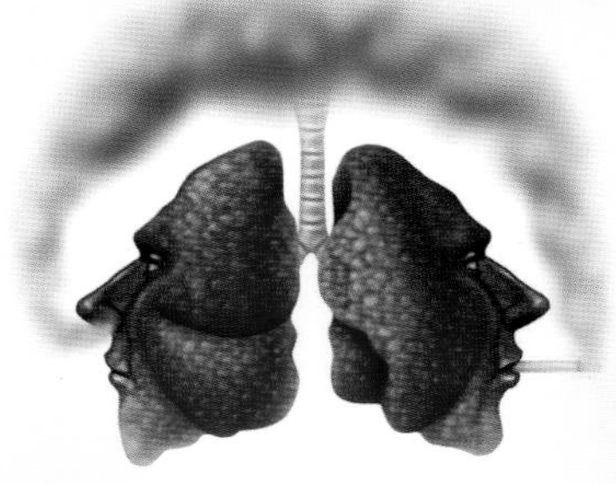

成因症狀篇

Q 肺部影像診斷看到有陰影，一定就是肺癌嗎？

A 肺部出現陰影，未必是肺癌，常見仍以感染為主。視乎陰影大小，如只為幾毫米則未必是癌症，而有可能是肺癆、黴菌或真菌感染、發炎等。自 2011 年起，每年肺癆新症有 4000 多人。而事實上，不少癮球菌及肺癆個案均被誤以為肺癌，診斷後才知道是虛驚一場。即使用上昂貴的正電子掃描(PET Scan)，也不能確定陰影是癌症還是感染。

Q 家族中有人患肺癌，我也很大機會患肺癌嗎？

A 家族史亦為肺癌風險因素之一，但關係不比乳癌、腸癌及卵巢癌來得密切。一個家族裡同時發現多人患肺癌的情況並不常見。故即使家族中有肺癌患者，亦毋須過分擔心。

Q 聽說香港空氣污染嚴重，多吸幾口也有患肺癌可能，真的嗎？

A 世衛於 2013 年 10 月提出，空氣污染物屬一級致癌物，當中會致癌的物質為微細懸浮粒子。但相信除了空氣污染，還有其他環境因素導致癌症。

成因症狀篇

Q 我最近突然咳得很厲害，肺都快咳出來！我是不是患了肺癌？

A 無論咳嗽的原因是甚麼，咳到肺也快掉出來當然要求診。肺癌典型徵狀為久咳不癒，即咳嗽逾 3 星期，或咳血。而除了咳嗽，亦需同時留意有否原因不明的體重下降，胃口轉差等警號。但大部分早期肺癌是沒有徵狀的。

不過咳嗽較常見原因多與氣管發炎有關。久咳大部分與鼻敏感、哮喘、氣管炎有關，少部分則與胃酸倒流或與工作環境有關。例如寫字樓的冷氣出風位置、常用文儀器材如影印機、電腦、打印機、掃描器等均會釋放室內空氣污染物如臭氧，刺激氣管，引起咳嗽。家居方面，如清潔劑的氣味、煮食的油煙、噴劑如香水、殺蟲水、噴髮膠等，也是刺激氣管並導致咳嗽的元凶。

Q 新聞說，就算患了肺癌，也可以沒有病徵，真有那麼可怕嗎？

A 早期肺癌可以全無徵狀。綜合過往統計數字，七成以上確診的肺癌個案已屆 III、IV 期，估計未能及早發現的原因，正在於沒有徵狀。而不少肺癌也是透過例行體檢或其他檢查，如照 X 光或心臟電腦掃描時，意外發現。

有肺癌個案徵狀類似中風，即突然半邊身活動困難，檢查後發現腦部有腫瘤，經 X 光或電腦掃描進一步檢查後，發現肺部有大面積陰影。

還有不少肺癌個案由骨科轉介，原因為腫瘤仍處肺部時並無病徵，

成因症狀篇

到骨轉移時才出現腰痠骨痛徵狀。這類個案開始時常被患者誤以為一般腰背痛，往往待痛楚持續一段時間，經磁力共振檢查後才發現骨轉移。

Q 如果咳嗽不一定是肺癌，那我何時才有求診必要？

A 肺癌的常見徵狀 — 久咳未癒，常容易被誤以為氣管敏感、哮喘、支氣管擴張。事實上，傷風感冒甚為常見，假如用藥短時間便痊癒，也就毋須擔心；但久咳如超過 3 星期，便有必要求診，作進一步檢查。

即使已多次求診，並服藥，咳嗽病情仍未好轉，可能需作進一步如 X 光或電腦掃描檢查。而轉看其他醫生時，亦應緊記別隱瞞之前已求診其他醫生，以免延誤診斷。

Q 我還要做或避開甚麼，才有可能不患肺癌？

A 防癌離不開健康生活習慣，包括保持開朗心境、足夠休息、適當運動及均衡飲食。壓力絕對是百病之源，故即使面對壓力，亦要學懂從中找尋減壓方法。

肺癌診斷篇

Q 有何徵狀出現需要提高警覺？

A 有很多肺癌個案沒有明顯症狀，其關鍵正是在於腫瘤的生長位置。肺癌最普遍的病徵就是咳嗽、痰中帶血。腫瘤長於氣管附近容易刺激氣管引起咳嗽、痰多現象。長於氣管附近的腫瘤有機會阻塞氣管，引致呼吸時有聲響，甚至呼吸困難。又有可能影響周邊血管，輕則引致痰中帶血，如果影響了比較大的血管可能引致大量咳血，造成窒息死亡。胸口感到疼痛，可能是由於腫瘤侵蝕到胸骨，或對附近的胸膜造成刺激所致。肺癌引致氣喘的情況相對少，通常於病情嚴重時才出現，如胸腔或心包積液。然而診察肺癌最棘手之處，就是在於其症狀不甚明顯，可能只有一些不以為意的

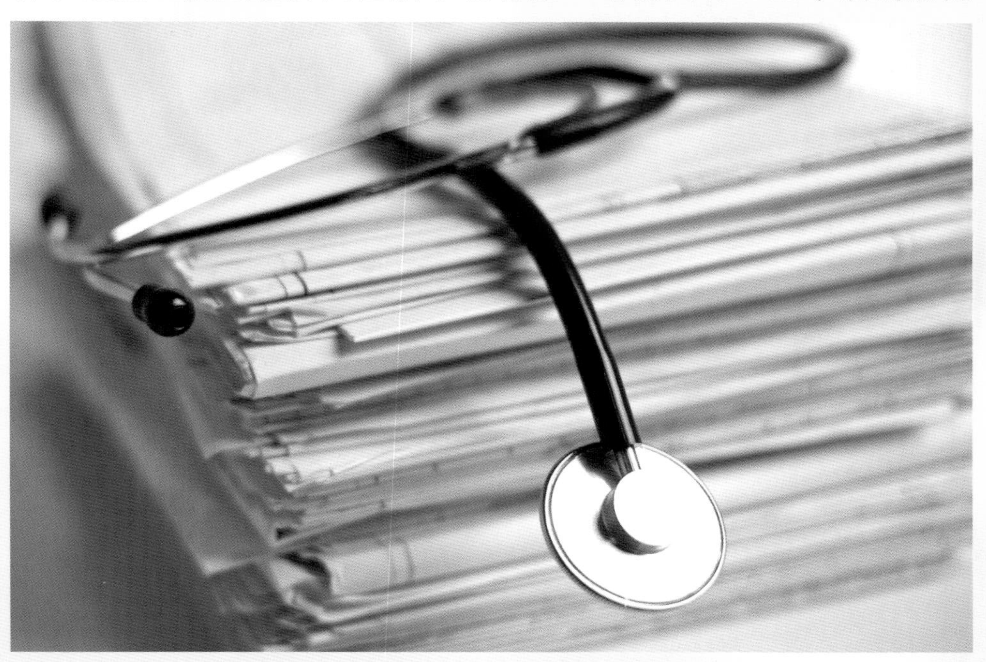

肺癌診斷篇

症狀，如胃口變差、乏力、輕微的體重下降。肺癌甚至可以發展至第 IV 期仍然全無徵狀。因此不適徵狀如果持續一段長時間者建議求診，由醫護人員作進一步檢查。以咳嗽為例，一般由傷風感冒引起的咳嗽，通常一星期左右便痊癒，若持續時間過長便應求診。若然平日都沒有咳嗽的問題，但無端持續咳嗽亦應求診。

Q 出現肺癌病徵後，通常會進行怎樣的診斷程序？

A 通常會進行問診、臨床身體檢查及安排進一步的檢查。

問診

醫護人員會先為病人進行問診，了解其病歷、具體有何徵狀、徵狀何時出現及其持續時間、吸煙習慣、其他慢性疾病、家族病史、等等詳細資料。以下為部分重點問診範圍：如病人出現咳嗽病徵，便可能追問有否咳痰、痰的顏色、有否帶血、血的分量又如何。可詢問病人有否胸口痛、骨痛、呼吸時感不適或發出聲響。有助判斷腫瘤位置，以及氣管有否變窄。了解有否食慾變差、持續時間、體重改變及其幅度，有助推斷病情發展階段。了解病人的運動習慣、頻率及表現有否改變，甚或詢問求診者爬樓梯時的吃力程度、有否氣喘等等，有助了解其心肺功能。

臨床身體檢查

肺癌一般沒有太多明顯症狀，所以臨床上，較難察覺出問題。如果發現到症狀通常病情比較嚴重。例如有可能會在頸部檢查出有問題的淋巴腺，手指有杵狀指改變，呼吸聲減弱，或發現胸腔積液。

進一步的檢查

關於病人是否需要進行手術，有幾方面需要考慮並進行相關檢查。首先需確診病人是否確實患肺癌。確認病人患肺癌後，則需就著腫瘤因素及病人狀況判斷：腫瘤狀況是否適宜進行手術切除，以及病人的身體狀況是否適合接受手術。關於檢查的詳細講解將於下條問題再討論。

肺癌診斷篇

Q 求診病人需進行什麼檢查？各類型檢查分別有何用處及優缺點？

A 診斷肺癌除了需要確認腫瘤本身的狀態，亦需確認淋巴腺有否受腫瘤入侵，方能判斷癌症期數。假若縱膈淋巴腺已受腫瘤影響，便未必適合以手術切除腫瘤。檢查大致上可分為 1) 影像檢查以及 2) 組織 / 細胞化驗。以下為部分肺癌常用檢查：

影像檢查

下列提及的影像檢查均無法達至百分百準確，但對於確診肺癌仍起重要幫助。

A. X 光造影檢查：X 光可穿透身體組織，拍攝出肺部狀況，產生二維影像。一般求診者持續咳嗽、有痰、胸口痛，都會為其進行這項檢查。檢查中有少量幅射，但其幅射量與乘坐一趟 10-12 小時飛機相差無幾。這項檢查已能初步診斷肺部有否出現問題及其位置。唯需留意，X 光造影檢查未必能找出所有腫瘤，而且只能提供一個初步評估，尚未精細到足以判別陰影的「真身」，因此仍需配合其他檢查（例如電腦掃描及痰液檢查）確認。

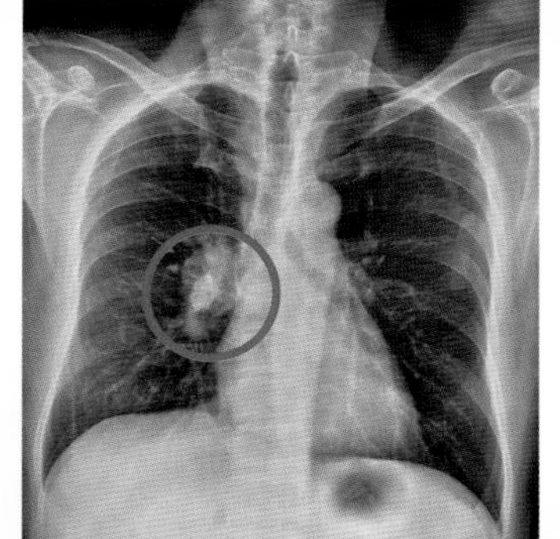
▲腫瘤位於右肺近肺門 / 縱膈

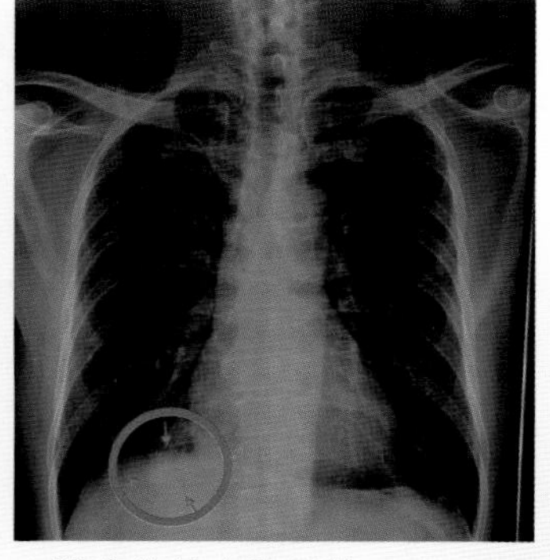
▲腫瘤位於右肺下葉

肺癌診斷篇

若 X 光造影檢查結果發現肺部出現「陰影」，是否代表患上肺癌？

不一定！大部分從肺部 X 光片所見的陰影都並非腫瘤，需進行其他進一步檢查確認。從肺部 X 光片中，有時候也可以看到胸腔積液的情況。

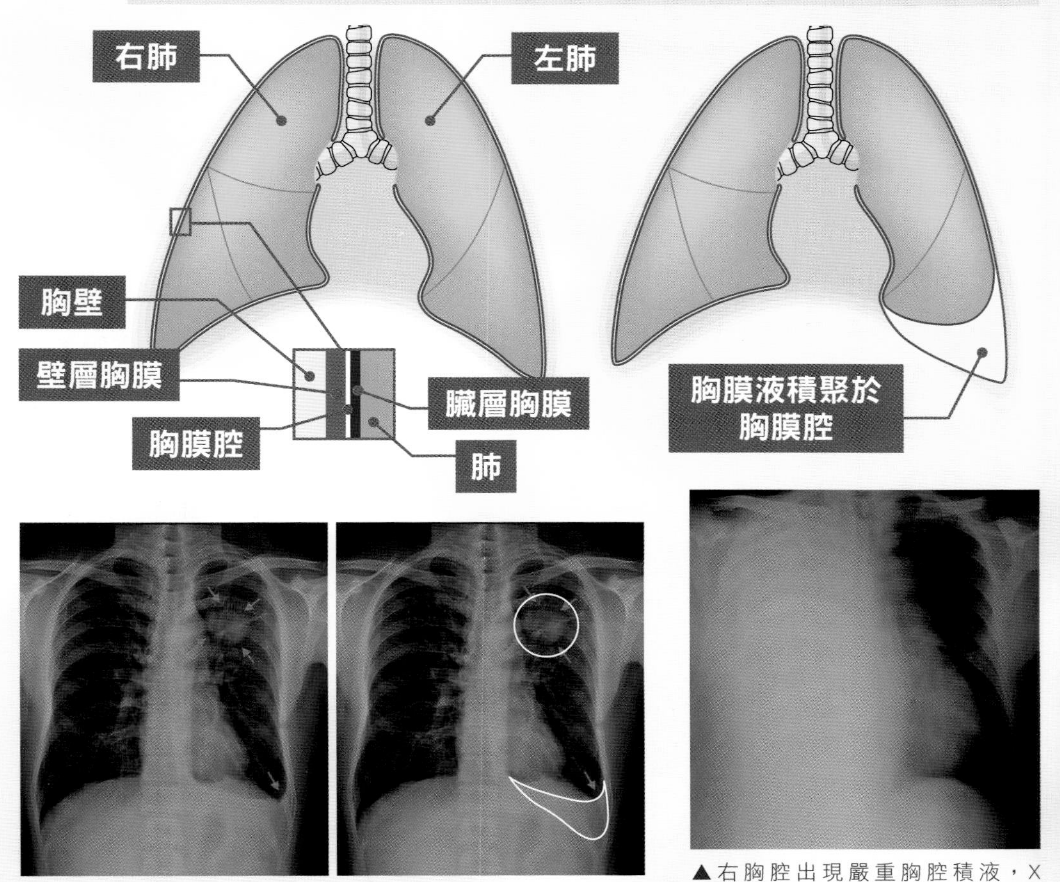

腫瘤位於左上肺葉，已有胸腔積液，屬第四期。

▲右胸腔出現嚴重胸腔積液，X 光中可見縱膈已被推到左側。

肺癌診斷篇

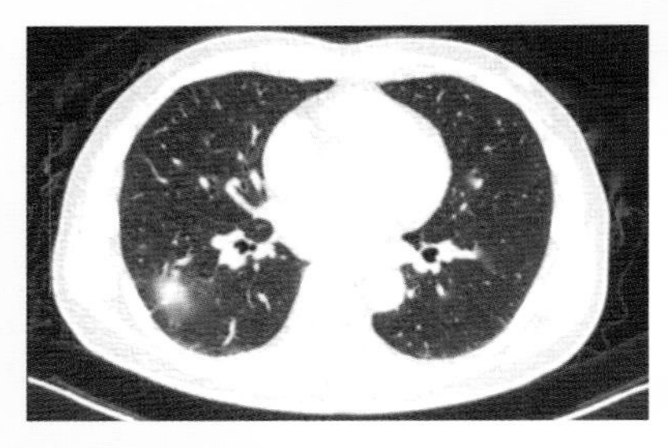

▲電腦掃描顯示腫瘤位於右下肺葉

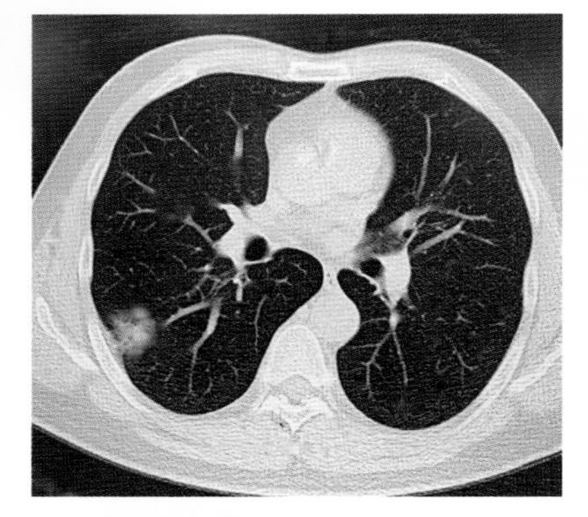

▲位於右肺的肺磨玻璃影（GGO）出現固體化現象，證實為右肺腺癌。

B. 電腦掃描：電腦掃描會利用X光穿透人體，並利用電腦重組出體內器官和組織的影像。電腦掃描除了可找出腫瘤所在位置、大小及形態，亦有助醫生了解腫瘤與附近組織之關係，清楚了解腫瘤有否擠壓或侵蝕到主要器官如：心臟、大靜脈、主動脈、橫膈膜、脊椎、食道以及氣管等等。藉著以上資料，便能判斷肺癌期數，繼而作為下一步處理的參考。進行檢查前可於靜脈注射顯影劑，令組織影像形成更清晰的對比。對於腫瘤，縱膈淋巴腺和附近組織、血管的關係便更為肯定。

C. 正電子掃描：此掃描不只檢查胸腔，而是全身性檢查，檢查前需於身體注入具放射性的同位素葡萄糖，這些藥物將會聚集於細胞新陳代謝特別活躍之處，故能於影像檢查中形成清晰對比。基於腫瘤之新陳代謝通常比身體其他組織活躍，因此體內某部分細胞活躍程度較高，表示患癌機會較高。另外亦需留意肺部淋巴腺有否出現擴散，藉此判斷腫瘤的期數*。正電子掃描也能融合電腦掃描的技術，令病變位置更加清楚呈現。

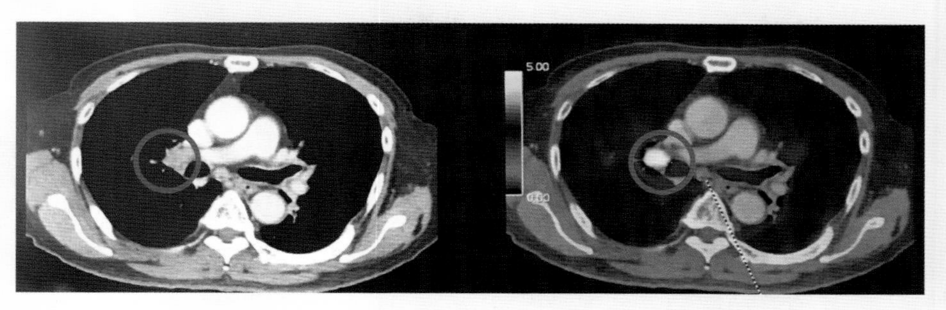

▲左邊的黑白色電腦掃描(CT scan)結果可見，右肺門淋巴結體積比正常大。右邊的電腦掃描加正電子掃描(PET Scan)顯示，右肺門淋巴結除了變大，也比正常淋巴結活躍，病變機會更大。

*TNM 分期系統乃是一個腫瘤分期系統。當中的N正是指腫瘤在淋巴腺(lymph node)的擴散情況。

N0：沒有淋巴擴散。

N1：轉移到肺部淋巴腺區域。通常擴散至這位置時，期數都不高。

N2：轉移到縱膈淋巴腺。即主氣管下方的兩側、氣管前方、食道旁、主動脈弓附近之淋巴腺等。擴散至這位置的期數相對較高。

N3：轉移到縱膈淋巴腺對側或遠端（例如.頸部）。擴散至這位置的期數再高。

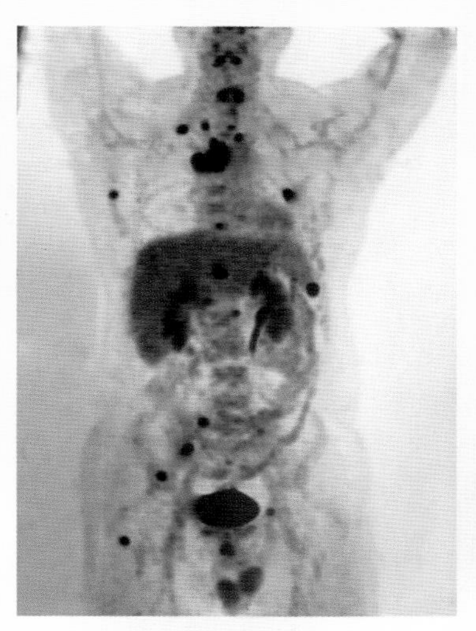

▲正電子掃描顯示患者已有多發性轉移。

肺癌診斷篇

組織／細胞檢查

由於透過影像檢查只能確認到腫瘤所在位置，以及初步了解其形態與癌症是否相似，而無法確診是什麼問題，因此需要配合組織／細胞檢查作進一步確認。

組織乃由細胞群組成，進行組織檢查需要直接切割或抽取腫瘤的一部分，該部分的結構得保完整。細胞檢查只抽取少量細胞，把抽取出來的樣本作病理化驗、分析，方能診斷該部分屬於炎症或癌症，繼而分析癌症的類別。

D. 痰細胞檢查：是讓病人留痰的樣本作病理化驗。如肺部檢查出陰影，且出現咳嗽、多痰的病徵，可以進行這項檢查，以確認當中有否癌細胞。但這個檢查不是太準確，大概為 60 至 70%，要視乎腫瘤位置、大小。還有些病人根本沒有痰多這個症狀，留不到痰，就不能用這個方法。

E. 活組織檢查（活檢）：若在痰細胞檢查中驗不出原因，便得進行活檢，此屬介入性檢查。活檢乃指從身體直接抽取腫瘤組織的一部分（或全部）去進行化驗，確認組織「真身」。常見有以下 3 個方法：

1. 體外穿刺：放射科醫生將以電腦掃描導引及確認腫瘤位置，此時需同時從體外直接將針插入腫瘤所在之處，抽取組織。由於體外穿刺需將儀器刺穿皮膚、皮下組織、脂肪、肌肉、胸膜、肺部組織才能深入到腫瘤位置。穿刺可能引致流血、發炎，引致肺部漏氣，形成氣胸、血胸，機率大概少於 7 至 10%，有需要時便要放進胸腔引流管。

2. **支氣管鏡檢查：**儀器需從鼻孔或口腔探入，末端附有鏡頭，有助查探氣管內部情況。氣管鏡會經氣管到達支氣管，將儀器探入至電腦掃描查確認的腫瘤位置後，才會用將儀器把細胞或組織取出來。

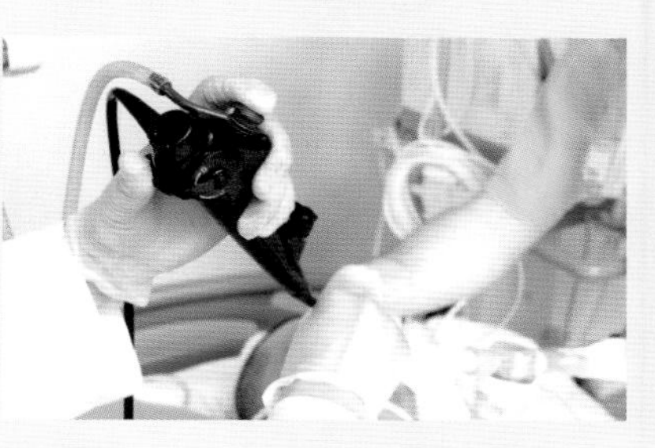

體外穿刺與支氣管鏡檢查都有其局限。利用體外穿刺能否成功抽取到組織，需取決於腫瘤大小及位置。例如腫瘤如果太接近心臟、血管，穿刺時有一定危險，較難抽取到組織。假若體外穿刺無法取得組織，亦可嘗試進行支氣管鏡檢查。若腫瘤位置距離氣管太遠，拿到足夠組織機會變得較低，便得以開刀方式取得組織。

3. **胸腔內視鏡輔助手術 (VATS)：**於肋骨與肋骨之間放入內窺鏡。進行手術時，整個肺葉會塌陷下去，如同漏氣的氣球。之後於肋骨之間再開出 1 至 2 個傷口，盡量將整個組織取走或取其樣本。然後，樣本會即時送往急凍切片，約 30 至 45 分鐘後便能取得病理報告。若證實是原發肺癌，便得立即將所屬的肺葉切除，並檢查附近淋巴

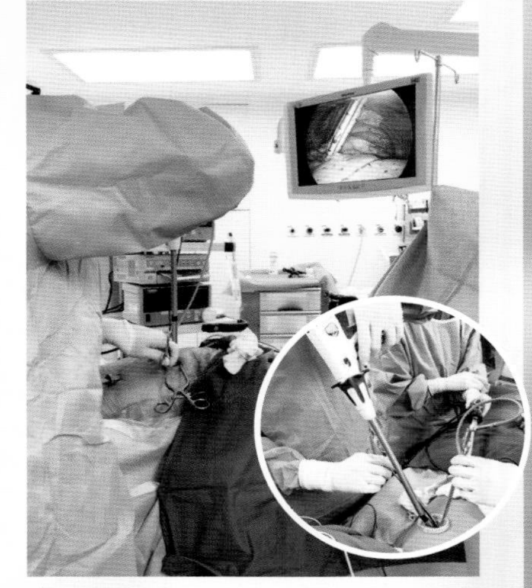

▲醫護團隊正進行右胸腔鏡輔助微創手術（雙孔），把患者右中肺葉腫瘤切除。

腺狀況，如發現擴散情況必須一併切除，完成肺癌肺葉切除術。

Q 如何取得淋巴活組織檢查？不同類型的檢查有何差異？

A 使用何種方式抽取活組織，將視乎想抽取的淋巴腺位置而定。例如抽取位於頸部的淋巴腺，可以利用超聲波導引在該部位抽針，甚至進行局部麻醉開刀，將淋巴直接取出。因為大部分有關的淋巴腺在胸腔或縱膈，可考慮以下幾種方法：

1. **氣管鏡超聲波 (EBUS)：**需為病人進行局部麻醉，並配合監測麻醉。由於儀器體積較大，故需要從口腔探入，經過氣管，到達接近縱膈淋巴腺之處，再利用超聲波確定淋巴腺和附近組織例如血管位置，然後用刺針拿取樣本。這項檢查能深入至氣管兩旁、前方、氣管分支下方的淋巴腺位置，但無法到達主動脈弓外側、食道下方或腹腔內的位置。若要取得該部分淋巴腺便得採用其他方法。

2. **食道超聲波 (EUS)：**需為病人進行局部麻醉，並配合監測麻醉。經口腔、食道，進入體內。進入的地方與氣管鏡超聲波有所不同，也有重疊的地方。這種檢查方法能夠取得食道旁的淋巴腺，甚至能深入到腎上腺附近取得組織化驗。

> * 腎上腺乃是肺癌經常擴散的地方，如確診癌細胞已擴散至腎上腺，其時的治療方案又會有所不同。雖然可以靠體外穿刺取得該部分組織，但腹部較多器官，進行此項檢查有一定風險。食道超聲波則算是創傷性較低的檢查方法。

3. **胸腔內視鏡輔助手術 (VATS)：**需於全身麻醉下進行。屬微創手術的一種，在胸腔外側開出一個小傷口，放進胸腔鏡，把胸腔內的影像傳送到螢光幕，可以從同一個傷口或多開 1 至 2 個小傷口放進儀器，從而將淋巴腺組織直接取出。可到達部分氣管鏡超聲波及食道超聲波不能到達之處。

4. **縱膈切開術 (Mediastinotomy)：**需於全身麻醉下進行。從胸骨左旁和肋骨間開小傷口，探入儀器，並直接抽取淋巴組織。此法能到主動脈弓外側淋巴位置，是氣管鏡超聲波和食道超聲波不能到達之處。由於這方法只能探索到一個區域的淋巴腺而且主動脈又在附近，一旦刺穿將造成危險，因此這個方法現已很少使用，多以胸腔內視鏡輔助手術取代。

5. **縱膈鏡檢查 (Mediastinoscopy)：**需於全身麻醉下進行。檢查會於喉嚨下方，約鎖骨的水平中間位置開出一道切口。把縱膈鏡，放進胸骨底部與主氣管之間可到達氣管兩旁、氣管前、下方等進行活檢。以此法取得的組織較多及完整，甚至有機會將淋巴腺整顆清除。

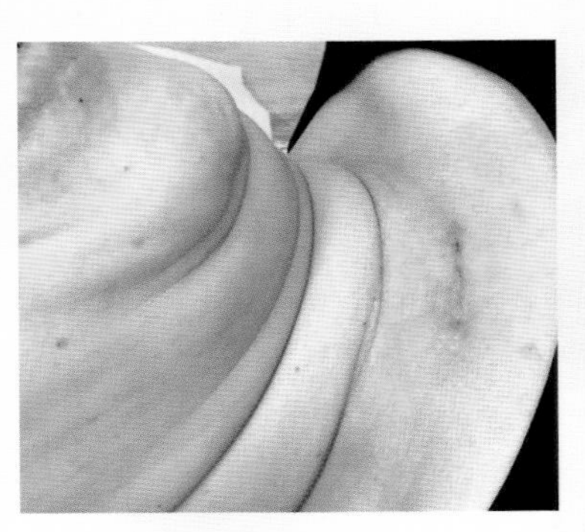
▲進行縱膈鏡檢查 (Mediastinoscopy) 後第 6 天，傷口不用拆線，傷口周圍的發紅現象只是由敷料引起。

成功抽取淋巴腺組織後，將可判斷出病人屬哪一期肺癌，從而制定合適治療方案。

肺癌診斷篇

Q 懷疑患上肺癌，醫生會如何處理？

A 不論發現的原因是甚麼，如果懷疑患上肺癌，會先從非入侵性檢查方法入手。此方法的好處是安全、不適或痛楚感覺極低，但它們並非確診方法。即使是咳痰，能診斷肺癌的可能亦很低，國際上亦未將咳痰確認為斷症方案。

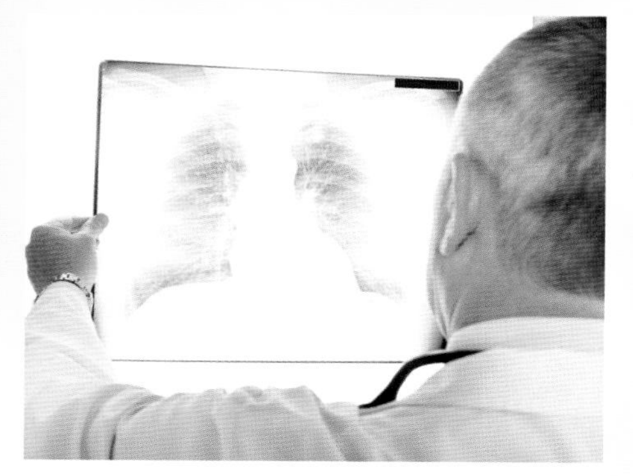

Q X 光片一切正常，是否代表沒患肺癌？還有其他診斷方法嗎？

A X 光雖然簡單，但準確性低，甚至不能憑一張正常的 X 光片便確定病人沒患肺癌。根據文獻，被確診為肺癌之前一年有照過 X 光片，約有 23% 的病人的 X 光未被評定為有癌症。故即使 X 光片一切正常，亦未能排除肺癌可能。

相反，電腦掃描為靈敏度極高的檢測方法，但就因解像度高故能看到很多細微的疑似病灶，小至 2-3 毫米也能察覺，但它們多數不是肺癌。

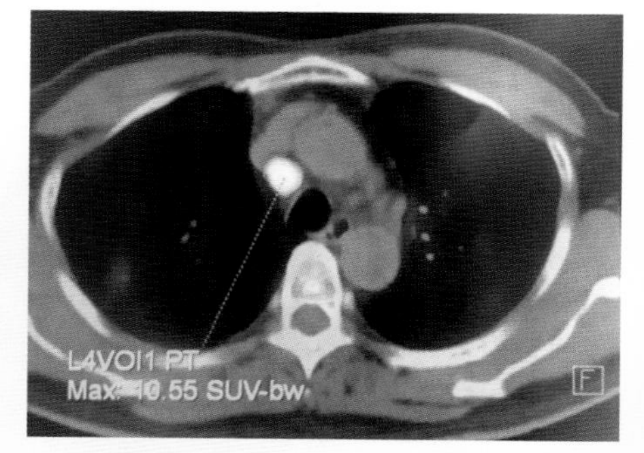

▲正電子掃描，顯示不正常縱膈淋巴結。

正電子掃描（PET）顯示的新陳代謝活躍值（SUV）能提供多些資料，反映病灶是否活躍，但 8 毫米以下的病灶正電子掃描的準確性仍低，生長緩慢的肺癌亦無法察覺到。而即使活躍值高也可以是肺炎、肺癆或炎症，故患者即使花了萬多元做正電子掃描，仍未能準確斷症，僅供參考，而可有效告知發病地方，故可作為從哪處抽取組織化驗的有用參考；亦可提供資料，顯示所影響的範圍有多大。如為癌症，則可顯示癌症期數。

目前抽血可驗癌指數，亦可檢驗癌症基因突變。但癌指數準確性有限，即肺癌患者的癌指數亦不一定會高，癌指數高亦不代表一定是患肺癌，故市民要從身體檢查中篩檢肺癌，亦需理解這一點。正是這個原因，為何市民不能直接到化驗室抽血，而必須由醫生轉介。

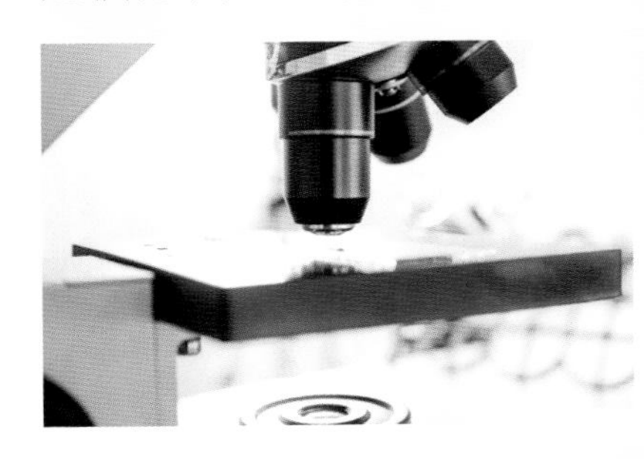

現時亦開始有檢查方法驗癌症基因，但暫時技術仍未成熟，靈敏度亦有限，惟其特異性令人鼓舞，有待發展，不排除將來技術成熟可取代部分入侵性檢查。

Q 入侵性檢查如抽組織化驗，是必需的嗎？

A 入侵性檢查為終極斷症方法，能提供樣本確定：

1) 是否癌症？

2) 如為癌症，癌症的源頭是甚麼？由肺部抽出來的腫瘤組織，並不一定是肺癌，可以是由其他器官的腫瘤轉移至肺部；

3) 如果是肺癌，顯微鏡下的分類是甚麼？一些顯微鏡的分類如小細胞肺癌、腺狀癌、鱗狀細胞癌等，能協助醫生選用系統性治療，例如決定選用哪類化療藥；小細胞癌及鱗狀細胞癌對電療反應較佳；亦有某類注射式標靶藥，患者需為鱗狀或小細胞癌以外的肺癌，才可考慮使用。

4) 協助分期，有時掃描顯示出的擴散，也需抽組織判斷是否有擴散，例如有些是單獨擴散，即沒淋巴擴散，但已有骨擴散，便需透過入侵性方法抽取骨的擴散組織，以確定期數。又或者抽淋巴核，以判斷肺癌所屬分期。

5) 基因變異及其他指標測試（如 EGFR、ALK、ROS1、PD-L1）

而確定以上的問題，最終就是為了分辨出能做手術的病人，例如掃描指出不應該做手術的，經抽組織化驗可能會變為適合做手術，反之亦然。釐定個人化治療亦需要以上資料。

Q 為何做完一個較昂貴的正電子掃描，為何還未有診斷？還要再做其他檢查？

A 影像掃描能提供一個很清晰的受影響的位置，亦可得知病灶的活躍程度（SUV）。但影像並非一個確診的方法。要確診始終要抽取組織進行顯微鏡分析。包括癌細胞或肺癆。掃描影像可給予資訊究竟哪個位置較容易取得組織。而如果是癌症，癌症的期數也可得到確定，故是很有幫助的。要確診，始終避免不了要抽組織（活檢）。

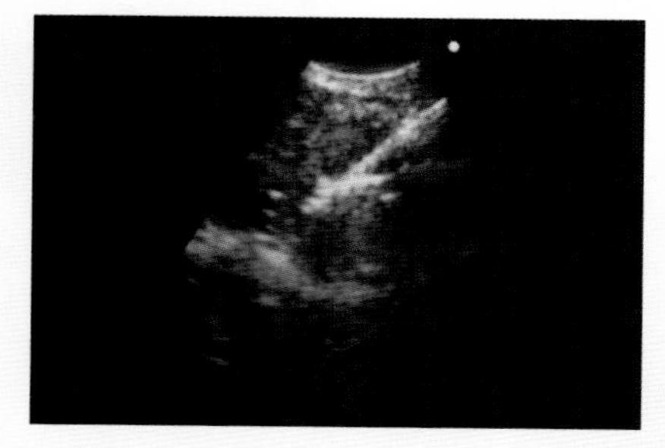

▲縱膈淋巴超聲波針吸活檢。

Q 有些醫生說可用電腦掃描抽針，有些就說要做氣管鏡，到底哪個方法是最好的呢？

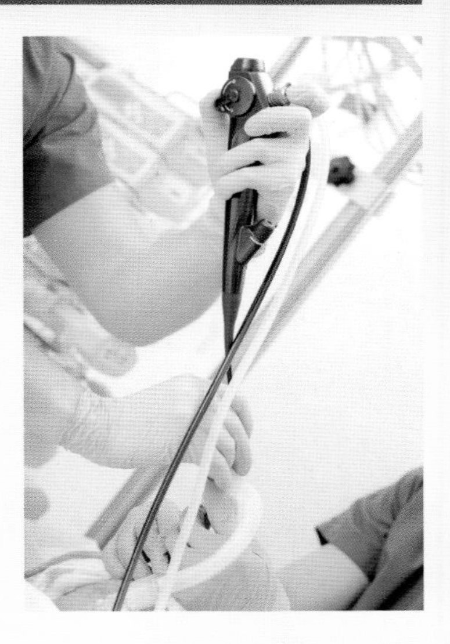

答：其實很視乎發病位置及大小。簡言之，如果發病位置接近肺部周邊，便會選擇電腦掃描抽針，因為路程較短。相反，如發病部位深入肺部深處，接近氣管，便需使用俗稱氣管鏡的支氣管內視鏡。甚至有時以臨床觸診方法，觸摸病人頸部，確定有否發大的淋巴核，有的話，最方便、準確、安全的方法便是在頸部抽針或切除一部分頸部淋巴核以作化驗。又或 X 光或電腦掃描顯示病人有肺積水，便可透過俗稱抽肺水的胸膜穿刺引流，取得肺積水的樣本，進行分析，病人與此同時亦能得到徵狀上的紓緩，例如可減輕氣喘情況，故是一舉兩得的方法。

Q 支氣管鏡是否只得一種？

A 傳統支氣管鏡一般可觀察氣管內部情況，抽取氣管內部腫瘤的準繩度高，但大部分腫瘤並不是在氣管內部，因此透過氣管鏡進行肺組織抽取檢查，診斷率的不確定性較高，準確性可由 30% 至 70% 不等。

肺癌診斷篇

近 10 年，有一種新的氣管鏡檢查方法，稱為支氣管鏡內超聲波指導下的抽取模式，簡稱 EBUS。此方法可將不可視的東西變成可視，因為超聲波的作用就如透視鏡。例如孕婦透過超聲波檢測嬰兒是否正常，同樣是將不可視的影像變成可視。透過超聲波技術，可將黏附氣管以外的淋巴核或腫瘤作實時的組織抽取，故準確度高達九成。亦因為透過實時抽取組織檢查，可以避開附近血管，故可大大減低併發症及流血可能。這個方法大多適用於深藏於縱膈內的淋巴結，一般這些淋巴結依附氣管外面，診斷率達九成以上。

假如病灶遠離氣管，便需選擇另一檢查方法 — 微型超聲波探頭，伸延至氣管以外的地方，提升診斷可能。一般來説，診斷率約為七成。

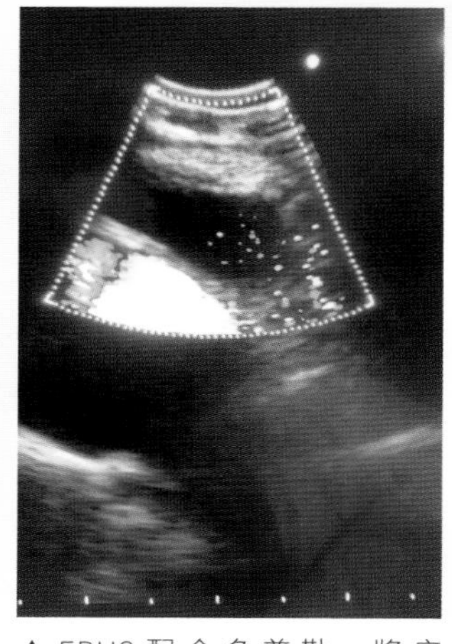

▲ EBUS 配合多普勒，將病灶及血管分別，增加安全性。

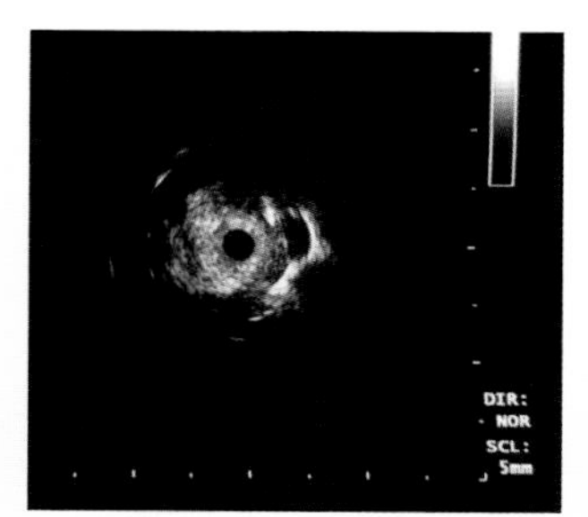

▲微型超聲波探頭影像，探頭在病灶正中央。

Q 入侵性檢查是否很可怕和會帶來很大痛楚？做時可以全身麻醉嗎？

A 無可否認，抽組織檢查會引起病人不安，亦會帶來過程中引起的不適擔心。透過氣管鏡抽取組織，現時大多會在靜脈注射鎮靜下進行，亦即病人會進入深層睡眠狀態，故抽取過程中病人是不會察覺周遭發生何事，往往一覺醒來，檢查過程經已完結。有需要時，抽組織程序會有麻醉科醫生在場，進行監察麻醉(MAC)，也就是説麻醉由麻醉科醫生施行，同時會監測病人的維生指數，確保病人在抽取過程中既舒服也安全。因為肺及氣管內部並無痛覺神經，故清醒後，病人亦不會感到痛楚，但部分病人醒來後或會持續咳嗽，痰中帶血；亦有約一半病人接受氣管鏡檢查後晚上會發燒，但這類情況只會短暫維持，翌日便會自行減退及消失。

Q 監察麻醉是否等同全身麻醉？

A 兩者進行時，病人雖然都不會察覺，但它們還是有分別的。監察麻醉下，病人能維持自我呼吸，全身麻醉則需依靠輔助儀器呼吸。與之相比，規格上，全身麻醉較監察麻醉更深層，但抽組織檢查絕大部分無需全身麻醉。

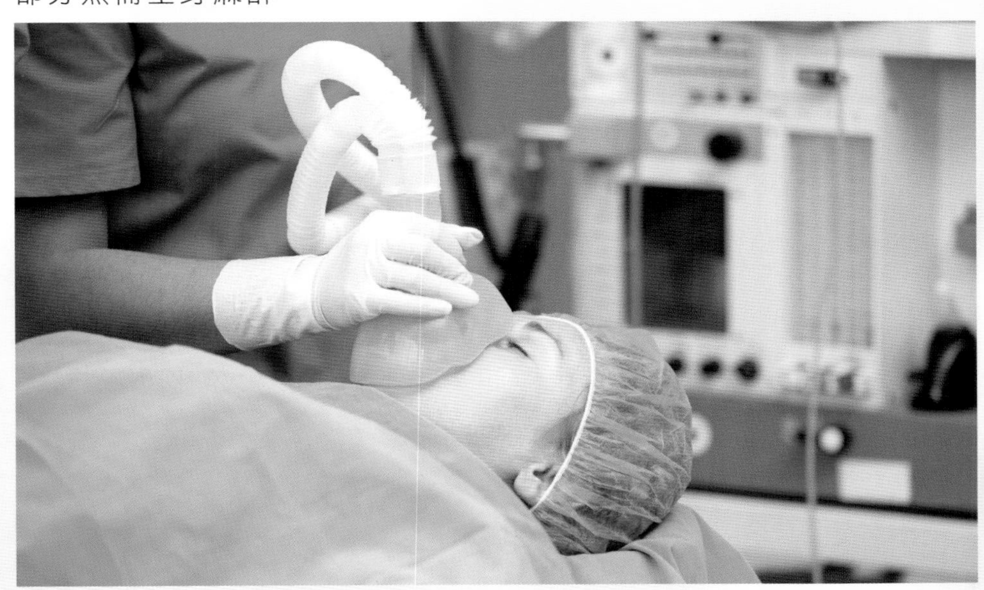

肺癌診斷篇

Q 抽組織活檢會有何風險？

A 因為活檢過程中需以針或微型鉗抽出少部分組織樣本，可能發生的併發症包括出血、感染、呼吸困難、氣胸，大部分情況下，嚴重的併發症甚少出現。個別情況風險有可能增加，例如病人本身有肺氣腫、正服用薄血藥或抗血小板藥（如亞士匹靈、新一代口服抗凝血藥等）、患有長期腎病，也有可能增加出血風險。而有肺氣腫病人出現氣胸機會亦有可能增加。

進行活檢前醫生會為病人風險評估及作出建議。例如禁食時間、術前停服某些藥物數天，避免進食或服用醫生建議以外的食物或中藥，因為部分中藥有抗凝血作用。

Q 活檢方法如找尋不到答案，下一步該如何辦？

A 雖然活檢準確度已比以前有所提升，但始終非百分百診斷方法。假如活檢後仍未能確診，醫生或會建議進行手術，以確定患者所患何病。

Q 是否一定要做活檢才能進行治療？

A 最重要是對症下藥，所以診斷是非常重要的。活檢除了可分析良性及癌症外，還能提供更多數據以助醫生釐定個人化治療，例如使用哪一類型的標靶藥、免疫治療或化療藥。不同類型的藥物或治療方法很多時候需視乎活檢所得資訊如基因突變類型、肺癌類型等才能選用。

Q 做了活檢已能確診肺癌，為何還要進行縱膈鏡檢查？

A 一個個人化的治療除了要確診，癌症分期也是相當重要。以肺癌為例，淋巴核有否轉移，直接影響癌症分期。一般來説，如縱膈淋巴已有癌細胞便表示手術並非最適合的治療方案。雖然電腦掃描或正電子掃描會顯示淋巴結是否受影響，但淋巴結發大或活躍值增加並不代表淋巴結已受癌症影響，這個時候縱膈鏡可準確地透過抽取淋巴組織進行化驗，從而判斷肺癌病人應否進行手術切除。但是縱膈鏡檢查需在全身麻醉下進行，病人需在頸部位置進行手術，並會留下疤痕。

近年因有支氣管內視鏡超聲波檢查(EBUS)，部分縱膈內視鏡已被取代，故 EBUS 在一次檢查中既可診斷，也可分期。

【第二章】

手術治療篇

楊重禮醫生【手術治療篇】

手術治療篇

肺癌主要分兩類：小細胞肺癌和非小細胞肺癌。一般小細胞肺癌被發現時，通常已經有廣泛擴散及遠處轉移，所以並不適宜單獨以手術治療。因此，**以下討論的手術治療，是一般適用於非小細胞肺癌的手術治療。**

手術前主要有兩方面需要考慮，分別為腫瘤分期及病人狀況，兩方面都同樣重要。

一、腫瘤分期：需要視乎腫瘤是否適合接受手術治療，以及手術對治療對病情有否幫助而決定。

二、病人狀況：醫生需評估病人的身體狀況是否能夠承受手術，手術對病人造成的影響亦需評估。若然病人無法承受手術，即使手術對其而言是最理想的治療方法，也不能以手術方式為其治療。另一方面，即使腫瘤本來適合接受手術治療，但身體狀況太差，例如存在其他病痛問題，都會令手術風險上升。

手術治療篇

Q 腫瘤分期將會如何影響手術決定？

A 肺癌的期數(Stage)乃用來描述肺癌已發展到什麼程度。讓醫生用作溝通、研究及治療的參考，以決定治療方向。肺癌分期可反映腫瘤的大小、位置及擴散範圍。

小細胞肺癌

- **局限期 (limited stage)**：腫瘤只局限在單側胸腔內的肺葉和同一側的淋巴結，可被涵蓋入單一放射線治療(又稱電療、放療)的照射範圍。
- **擴散期 (extensive stage)**：癌細胞擴散到其他肺葉、對側的胸部淋巴結或遠端部位的器官。病患可發現遠端轉移，通常會移至肝臟、腎上腺、骨和腦部。

一般小細胞肺癌被發現時，通常已經有廣泛擴散及遠處轉移，所以並不適宜以手術做治療，只得非常少數的個案能以手術切除。

非小細胞肺癌

非小細胞肺癌是以 TNM 分期系統為腫瘤分期。當中的 T 代表腫瘤(tumor)，N 代表淋巴腺轉移(node)，M 代表遠端轉移(metastasis)，綜合三方面的情況，診斷出病人的肺癌分期(stage)。

- **T 分期**是按腫瘤的大小、位置，及有沒有侵犯到其他周邊組織分為四期。

  腫瘤愈大，期數自然愈高。3cm 以下為 T1；3-7cm 為 T2；7cm 以上是 T3；T4 即已經侵入縱膈的器官，或同側多過一個肺葉有腫瘤。

手術治療篇

腫瘤的位置和有否侵犯到其他周邊組織也要考慮，如果原發腫瘤位於肺部比較外圍位置時，期數會較低，較易處理。但如果在比較中央的位置，又或腫瘤已入侵到鄰近組織，例如：胸膜、肋骨、橫膈膜、主支氣管、縱膈內的器官（如：心臟、食道、主氣管、脊椎骨體等），或多發腫瘤結節，期數較高。期數愈高，能夠完全把腫瘤切除機會較低，亦會加手術難度和風險，甚至不適合做手術切除。

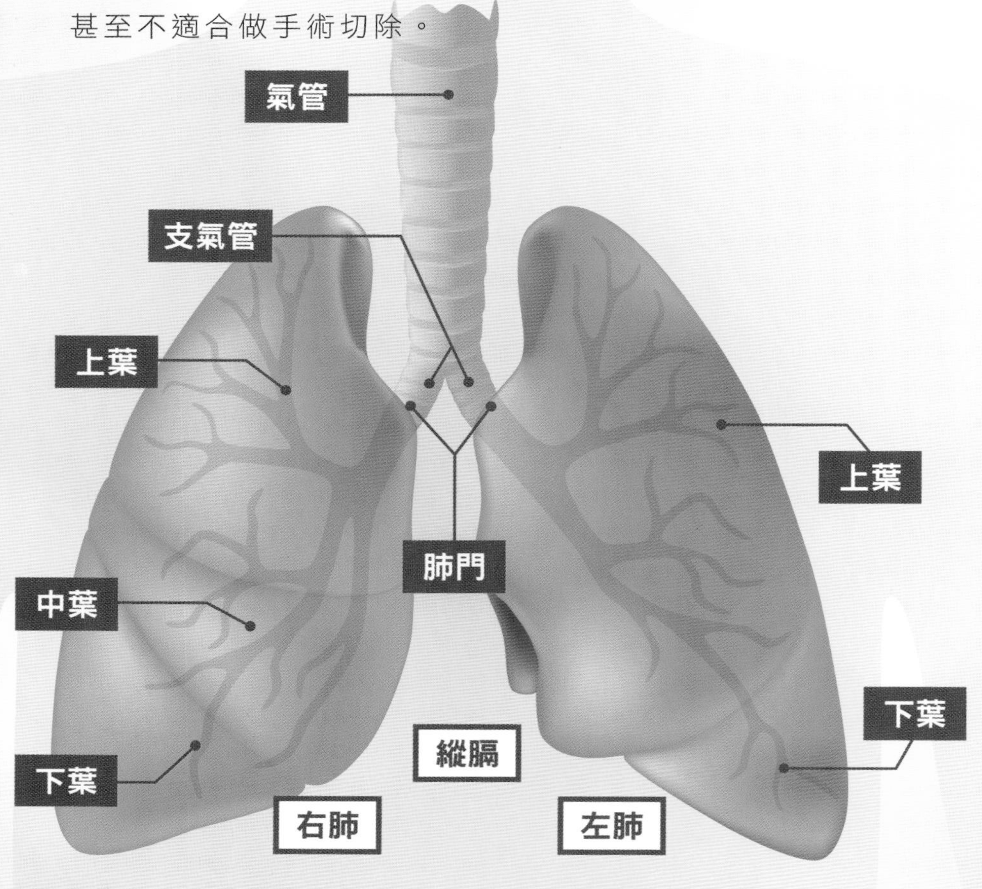

• **N 分期**是以癌細胞有否擴散到淋巴系統來決定。

N0：即並無出現淋巴腺轉移。

N1：即指腫瘤細胞只擴散到腫瘤附近的淋巴腺，而未擴散開去的情況。期數屬 N1 或 N0 仍然能進行手術。

N2：即腫瘤已擴散至同側縱膈淋巴腺。即使將受影響肺部連同淋巴以手術切除，對病情未必有太大幫助。有些研究指，如在這些情況下進行化療 / 電療，將癌症降期（即是將期數下降），再進行手術以上切除，對病情會有所幫助。

N3：即指腫瘤已轉移到對側縱膈淋巴、另一邊肺部的淋巴腺或頸部淋巴。普遍認為這些情況下進行手術切除對病情沒有幫助。

• **遠端轉移 (M)**：即腫瘤擴散到遠端身體器官，並不只停留在原發腫瘤的位置。以下為其中幾個遠端轉移的情況：

M0：即無遠端轉移。

M1：即轉移到原發的位置以外。

M1a：轉移到另一邊肺、胸膜、惡性心包或胸腔積液。

M1b：轉移到遠端器官。比較常見的器官有：骨、肝臟、腎上腺、腦部等。

M1 已經是第四期，一般因為癌病已經擴散到遠端或較廣泛位置，用手術切除並不能控制病情，故需要進行系統性治療（用藥物），即化療。但有些個別情況，例如原發腫瘤和遠端擴散（不是廣泛擴散），而兩者仍然可以用手術切除，其時可以考慮使用手術但也需要化療。心包或胸腔積液，可能會影響心肺功能引起氣喘，影響心臟功能，甚至有生命危險。上述情況可能需要進行手術將心包或胸腔的積液排出，紓緩肺部及心臟被積水壓逼所帶來的不適。將胸腔積液引出身體之後，可進行胸膜黏連術，減低胸腔積液復發的機會。

腫瘤期數對於判斷是否適合手術治療非常重要。總括而言，第 I、II 期屬於初期，第 III、IV 期則屬較高期數。手術切除一般適用於第 I、II 以及部分 IIIA 期人士，IIIB 至 IV 期患者則不適合以手術治療病情。患非小細胞肺癌的病人當中，只有大概兩成人適合接受手術，其餘病人會因癌症期數太高（III 及 IV 期）如腫瘤太大、已入侵其他器官或骨骼等原因，

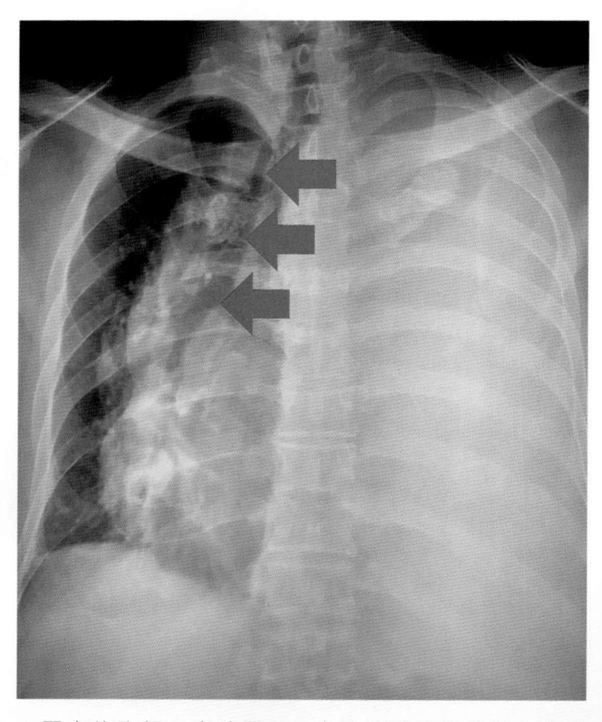

▲圖中的胸部 X 光片顯示，左胸腔積液的情況非常嚴重，由積液形成的壓力已把縱膈推到右邊，影響心肺功能，有生命危險，屬於非常嚴重的個案。

而不能接受手術治療。例如因腫瘤體積大小，或同側肺而不同肺葉有腫瘤，而被斷定為第 IIIA 期患者，則仍可接受手術。有些第 IIIA 期患者，腫瘤細胞已廣泛地擴散到同側縱膈淋巴的患者，手術並不是首選的治療，他們可以接受化療和電療，通過再度評估後，才能進行手術。上述僅為其中兩個例子，如何判斷哪些 IIIA 期患者適合接受手術，還要視乎個別情況而定。

Q 病人狀態又會如何影響手術決定？

A 病人是否同時身患其他疾病將會影響肺癌手術治療，可能會令手術風險更高，甚至不適合做手術，所以需要須先了解和處理好自身已經患上的病（例如同時間患上另外的病，如心臟病、糖尿病、慢性阻塞性肺病等等）才可接受手術。

另一方面，病人的肺功能亦會決定其是否適合接受手術。進行肺癌手術需將一部分肺切除，而被切除的部分不論是多或少，均無法重生，所以要盡量保存，減少對病人術後肺功能的影響。如果病人術前的肺功能已經衰弱，一旦進行手術切除，肺功能將進一步受損，呼吸衰竭，出現併發症機會更高，嚴重的有可能連一

肺功能檢查（spirometry）

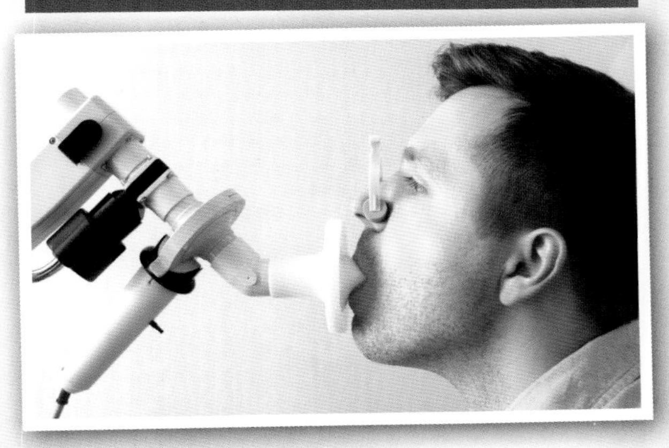

手術治療篇

般日常生活，都未能應付得到，故醫護人員必須在術前為病人肺功能進行評估，了解病人能否承受手術。如證實不適合接受手術，則採用化療、電療等方法治療。

通過問診和肺功能檢查能得悉病人的肺功能強弱。問診時可以了解到病人的日常生活，衡量病人的心肺功能。例如，有沒有運動的習慣？平常走路可以走多遠，上樓梯可上幾層？能夠走上二至三層樓，應該足夠應付一般肺切除術。

比較客觀的方法是進行肺功能檢查（spirometry，如一秒強制呼氣量（FEV1））、強制肺活量（FVC））、肺一氧化碳彌散量（DLCO）、心肺功能運動測試（cardiopulmonary exercise test）。從這些測試會得出數據，反映該病人手術前的肺功能，之後再將需要切除部分按比例減去，便能了解手術後剩餘多少肺功能。

左和右肺總共分為 19 節，右上肺葉佔 3 節、中葉佔 2 節，下葉 5 節；左上肺葉佔 4 節，下葉 5 節。假如手術前 19 節的肺部的肺功能有 80%，而病人右上肺葉有一腫瘤，得切除右上肺葉，即需要切掉右上肺葉共 3 節，即是剩下 16 節，剩下的肺功能就有 16*80÷19 =67.4%。在上述情況下，術後還剩下多於 60% 肺功能，足以應付手術後的生活所需。由此可見，是否接受手術，需要視乎進行手術切除後還餘下的肺功能而作考慮，假如餘下的肺功能不足，便不宜接受手術。

手術治療篇

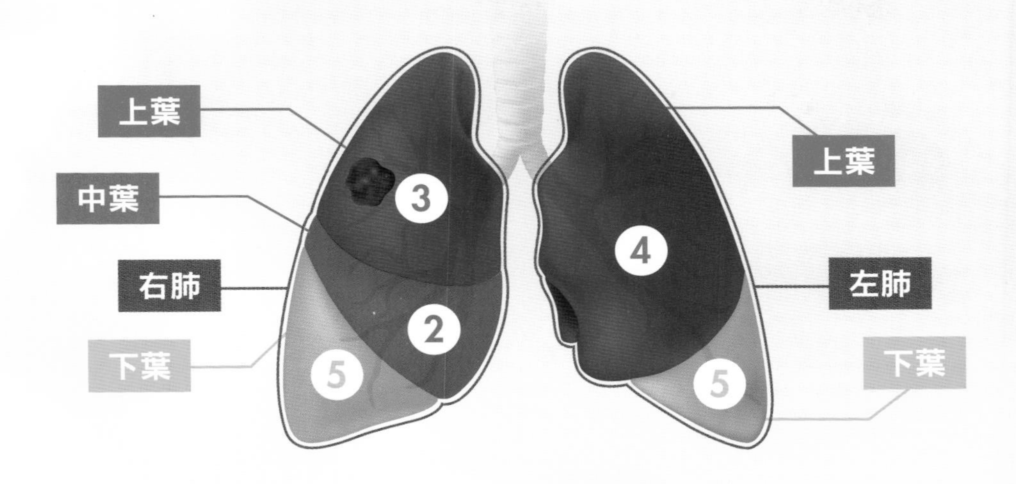

簡易樓梯測試：楊醫生分享，很多城市人沒有做運動的習慣。而行樓梯是很容易做得到的測試甚至練習。他建議，無論是否需要接受手術，鼓勵病人可在他人陪同下嘗試行樓梯，如發現還應付得來，可嘗試登上二樓，甚至三樓。能登上二、三樓，已代表心肺功能不錯，能夠應付一般的肺切除術。

手術治療篇

Q 肺癌手術需要切除多少肺部組織？

A 選擇進行何種手術乃視乎腫瘤的位置，大小而定。需知道肺癌治療有時難以兩全其美，只能取捨。如何在兩害之中取其輕，平衡病人的各方利益便成治療關鍵。

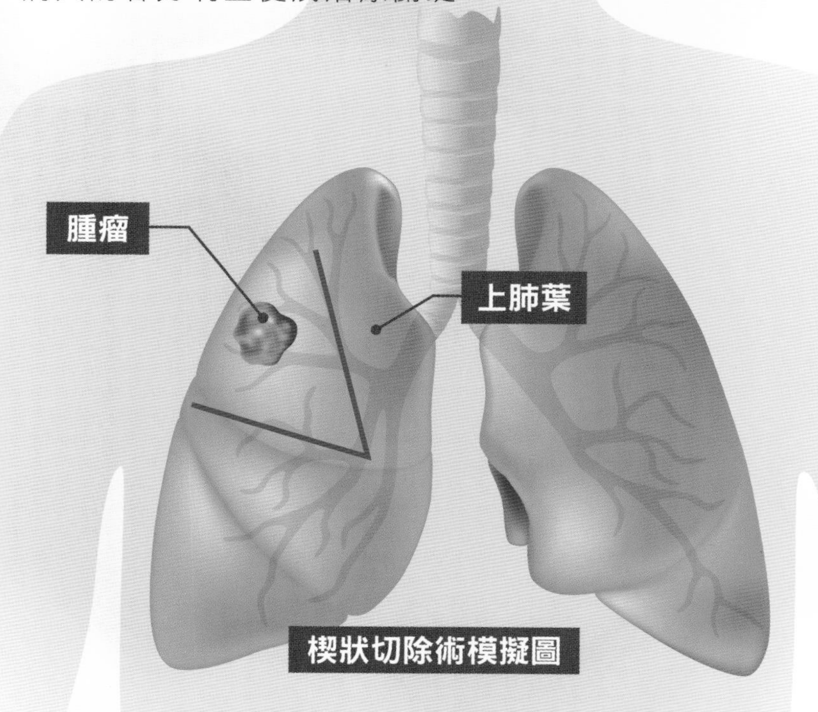

楔狀切除術模擬圖

手術首要目的是要把所有肺癌組織完全切除，一般是把腫瘤所屬的肺葉切除 (lobectomy)，同時把同側縱膈淋巴切除，這便是最徹底的治療。如果腫瘤只在一個肺葉裡，只需要切除該個肺葉，但如果影響到隔鄰的肺葉，那便需要切除受影響的兩個肺葉 (bilobectomy)，甚至把同側全肺切除 (pneumonectomy) 才得到徹底的清除。袖式肺葉切除(Sleeve lobectomy)，是把有腫瘤的肺葉連同部分支氣管切除，再將兩端的支氣管縫合，這樣便可以保留更多肺部組織。但這個手術並不適合每一個病人，要視乎腫瘤的大小、位置才能決定可行性。若患者年紀太大，肺功能差，不能承受肺葉切除術，就只可以考慮將包含腫瘤部分的肺部組織切除，如：肺節切除術(segmentectomy)或楔狀切除術(wedge resection)，儘量保留最多肺組織。肺節切除術，如果腫瘤太大，或位置不理想就可能用不着。楔狀切除術不是最理想的治療方法，因它不及全肺葉切除、一側全肺切除或肺節切除術般徹底，但在平衡各方面的考量後，也不失為一種折衷的治療方法。

▲經手術切除出的肺葉樣本

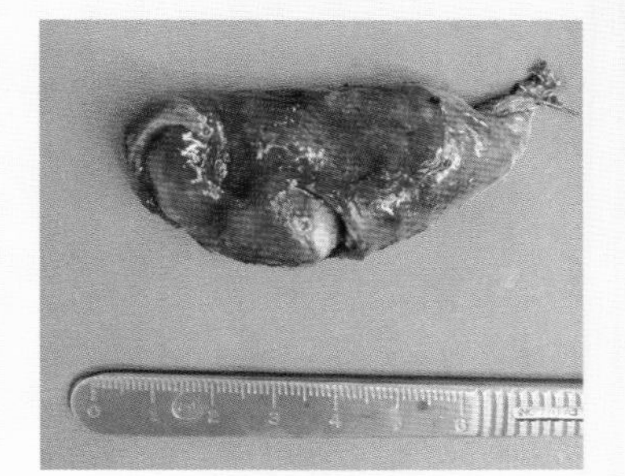

▲楔狀切除術後取得的樣本

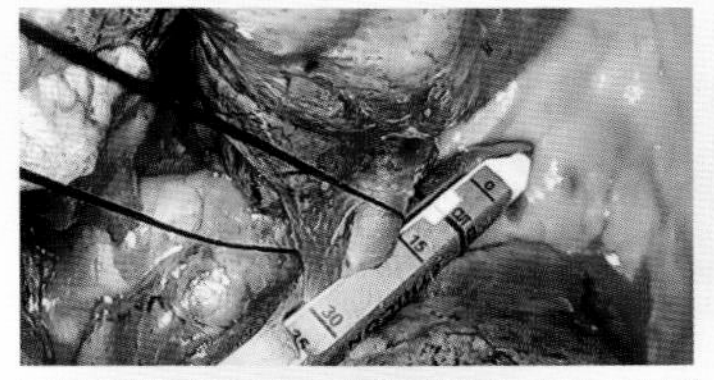

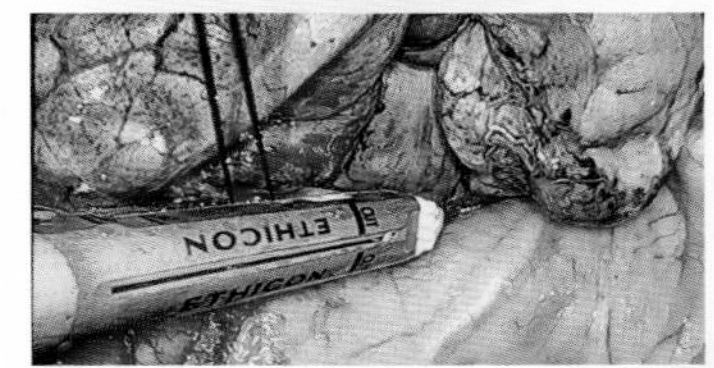

▲圖中正以手術切斷血管（上圖）及氣管分枝（下圖）

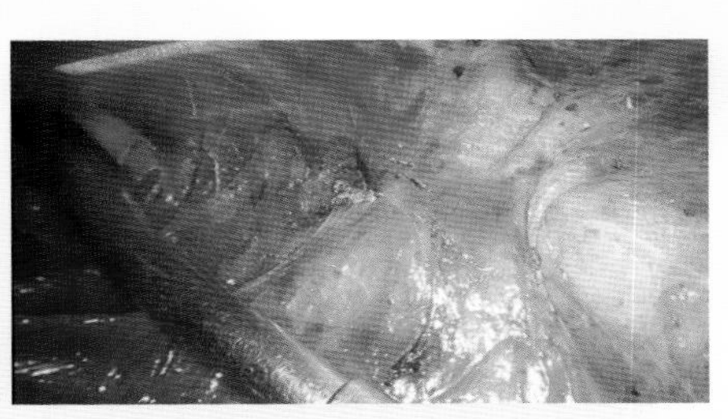

◀肺部及胸壁間出現黏連，使手術難度提升，並需要較長的手術時間。

手術治療篇

Q 正電子和電腦掃瞄不見淋巴受影響，為什麼仍然要切除淋巴？

A 現時的手術治療趨勢，除了切除腫瘤及所屬肺葉外，還需要切除同側縱膈淋巴腺。原因是術前檢查（如：掃描）未必檢驗出縱膈淋巴是否受到肺癌擴散影響。有大概 10 至 15% 術前掃描檢查淋巴腺是沒有擴散跡象，但從手術取出的組織病理化驗卻證實有淋巴轉移。再者，假若腫瘤細胞已擴散到淋巴，但手術前抽取組織時卻剛巧抽取到沒有腫瘤細胞的淋巴部分，便會影響診斷結果，並低估了肺癌期數。一旦入侵到淋巴，即代表病情比較嚴重，期數會有所提升，單靠手術治療並不足夠，手術後可能需要化療、電療跟進。

正因不能確定這些情況何時出現，因此進行肺癌手術時，醫生會一併切除所有同側縱膈的淋巴組織，讓病理科醫生進一步檢驗淋巴是否已受到影響，從而避免因錯判，低估了期數，而影響治療成效，增加復發機會。

Q 微創手術是什麼？與傳統開胸手術有何分別？

A 肺癌手術的最大原則就是在安全情況下將腫瘤切除，將所有病灶連同其所屬肺葉一併移除，並將同則縱膈淋巴腺切除。不論傳統開胸或微創手術皆於肋骨之間進行，雖然肋骨與肋骨的空隙很窄，但現時進行微創手術通常不需要鋸斷肋骨，或將兩根肋骨之間的距離用儀器撐闊。於皮膚開出傷口後，需將撥開皮膚、脂肪和肌肉稍為扯開，並將儀器從空隙伸入胸腔才能觸及肺部。把所屬的血管分枝及氣管逐條結紮，切斷，把有問題的肺組織取出來。

手術治療篇

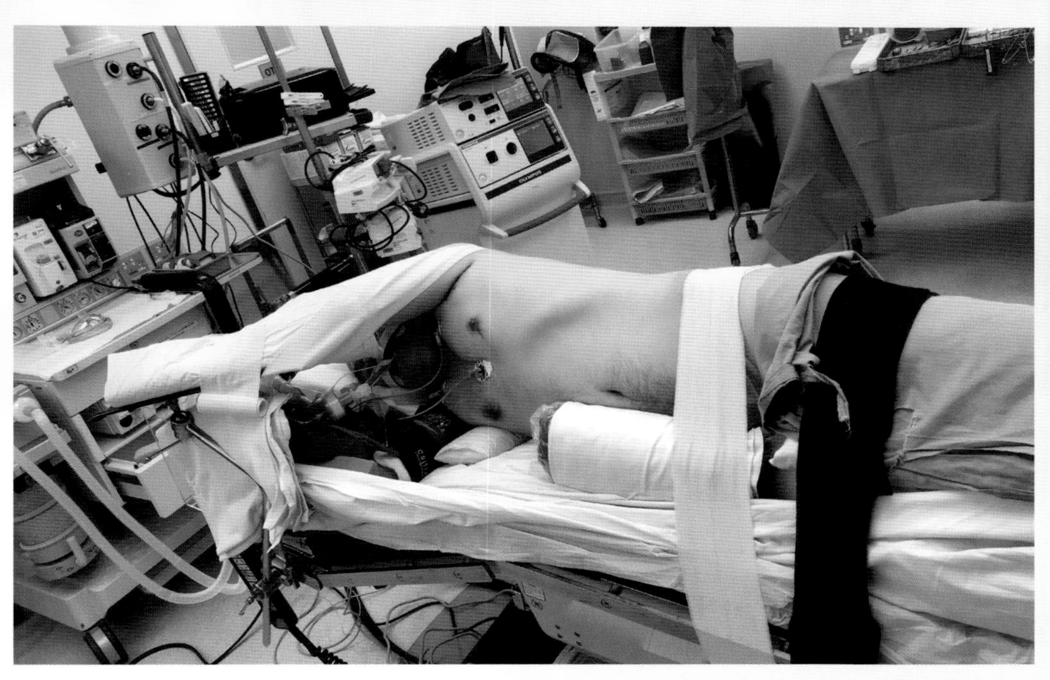

▲患者躺於病床上準備接受手術。

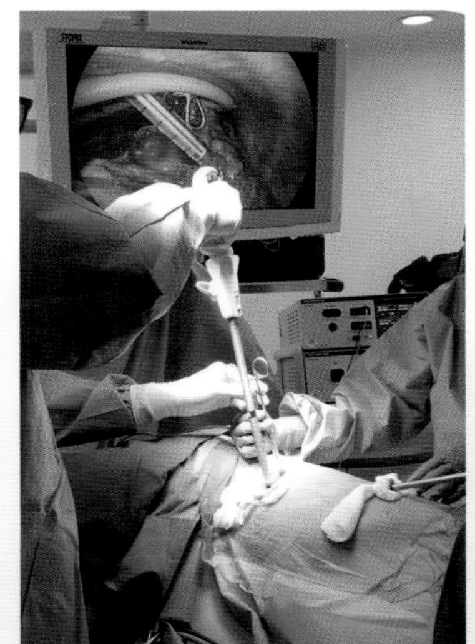

◀▼外科手術過程

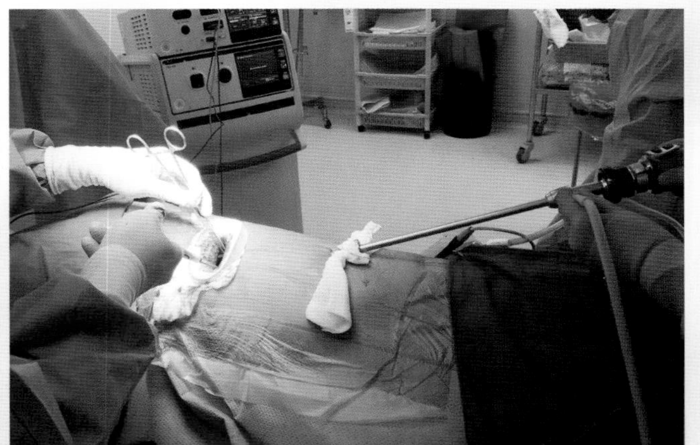

手術治療篇

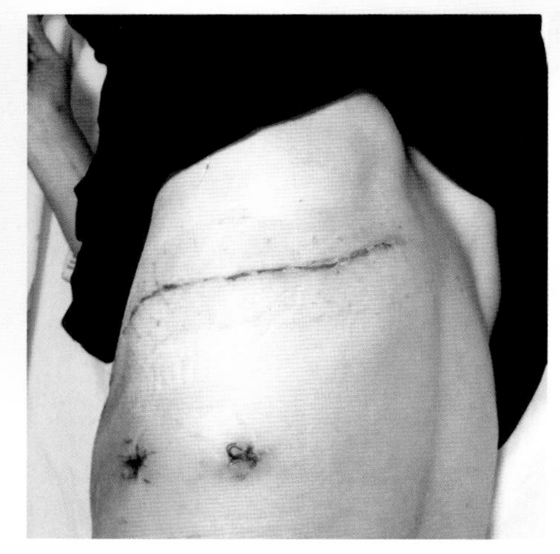
▲傳統開胸手術後的傷口可能長達20cm。

如果腫瘤大，或接近、侵蝕到主要器官、胸膜間嚴重黏連，便需要大一點的傷口，需採用傳統開胸術。傳統開胸手術的傷口則可能長達20cm，並需要用儀器撐開或切斷肋骨，術後傷口會比較痛，當深呼吸時痛楚就更為嚴重，病人就因此而減少甚至避免深呼吸，但此舉容易令痰液積聚在肺部而引起肺炎，嚴重可致命。由於有了胸腔鏡的輔助，現在一般所謂傳統開胸手術傷口未必像以往那麼大。

「微創」二字可能予病人一個錯覺，認為這是一個風險比較少的「小手術」，完全能夠代替傳統開胸手術，事實並不然。其實傳統與微創手術的過程一樣，差別只是微創手術的表面傷口較小，

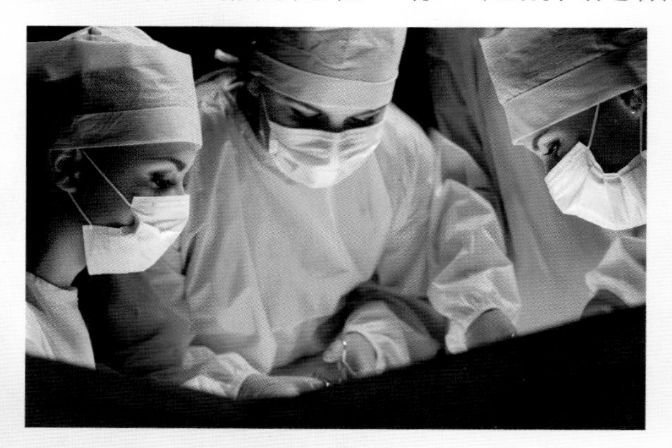

用胸腔鏡輔助。肺癌治療中採用的微創手術是指胸腔鏡輔助手術(Video assisted Thoracoscopic surgery (VATS))，把鏡頭放進胸腔，將胸腔內的形象傳送到顯示屏上，醫

生便看着顯示屏進行手術。由當初需要開出4孔，現已進展到3孔、2孔，甚至單傷口手術。此類手術的最大特點，就是傷口較小，不需折斷或撐開肋骨，痛楚較傳統手術為低。正因為痛楚減少，病人一般康復會快一點。只要於表面開1至2個1.5cm長的傷口，和一個約3.5至5cm長的傷口，就足以取走整個腫瘤和肺葉。唯需注意，腫瘤大小將影響能否從該傷口中取出，如果腫瘤過大，侵蝕或接近主要器官與心臟大血管等等，又或者遇上嚴重黏連，大量出血，可能無法透過微創的傷口取出或控制，需將創口加闊，改用傳統開胸術。

微創術後癒合後的傷口

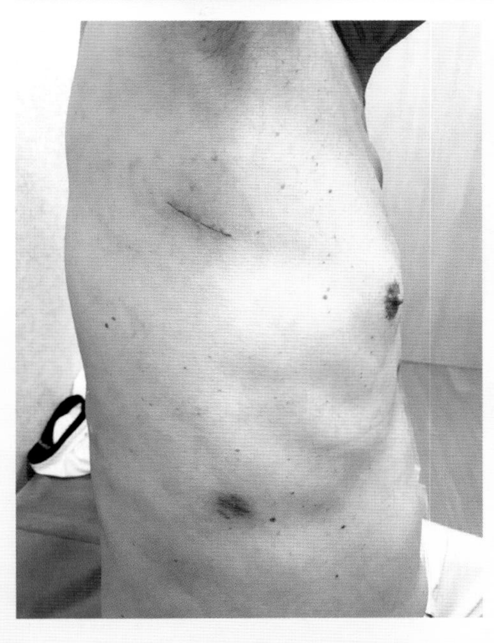

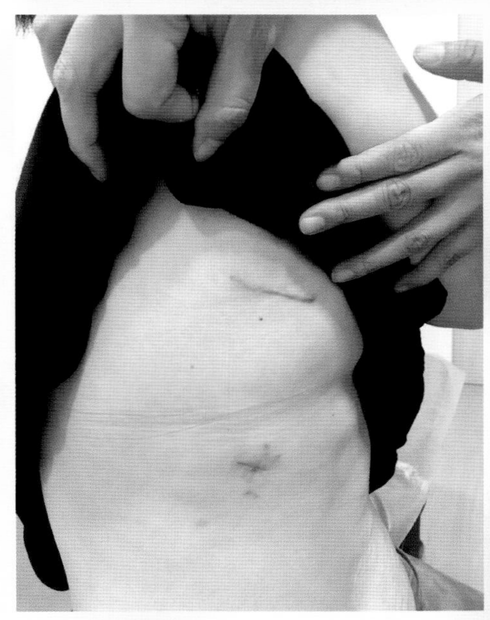

手術治療篇

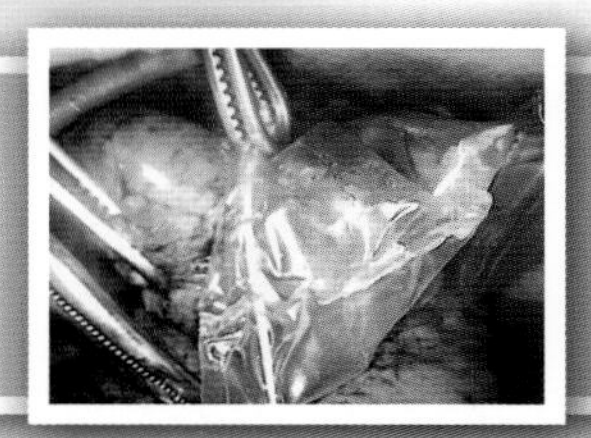

醫生正為病人進行雙孔胸腔鏡輔助手術(VATS)切除肺葉，圖中乃是放入病人體內的樣本取出袋（用以收集及取出組織樣本之用）

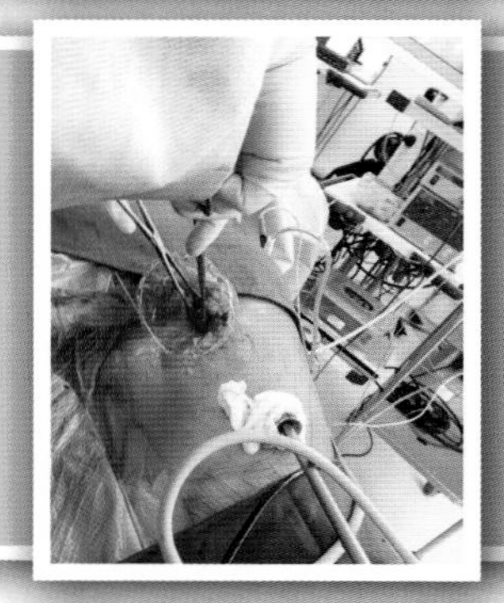

從皮膚表面的孔洞中取出切除組織。

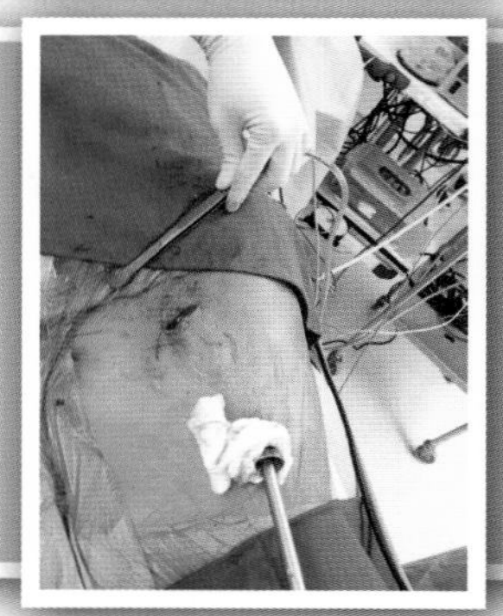

取出切除組織後的傷口。

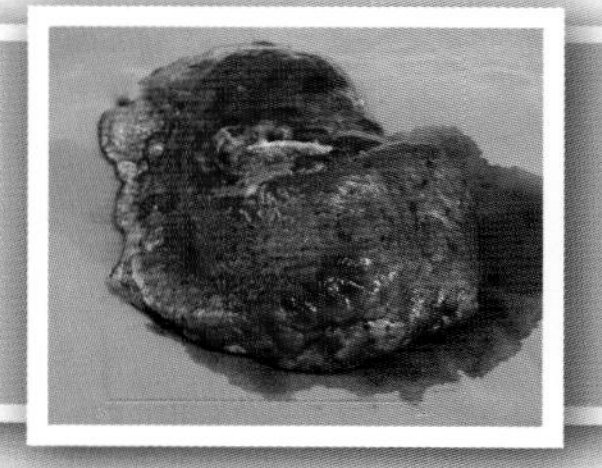

經手術切除出的肺葉樣本。

手術治療篇

Q 進行手術有可能帶來什麼併發症？

A 手術併發症，乃指進行手術後可能出現的繼發性問題。以下是一些併發症的例子。手術後出現流血的可能約少於 3%；手術過程中也有機會傷及血管，嚴重性將視乎流血量而定。傷及心臟或其他內臟的機會很微。心房顫動，大概 10 至 40%，通常在術後第二、三天出現。肺炎機會約有 6%，長者、體弱、患有慢性肺病，經常吸煙人士會有較高發炎機會，至於較年輕、健康、沒有吸煙習慣人士的發炎機會則較低。

氣胸或持續漏氣（>7 天）同樣是手術後可能出現的狀況，約 15% 機會，一般會自行痊癒。經常吸煙人士、有慢性肺病的人的發生氣胸或持續漏氣的機會較大，或需一、兩個星期才能痊癒。手術完成後，醫護人員會使用引流管繼續引走胸腔內過多的血液，淋巴液及氣體，一般 3 至 5 天便能把引流管拔掉，如果不能自行痊癒，就得進行手術，將漏氣、滲漏淋巴液之處進行修補。

表面傷口發炎可能性約有 2%。另外，肺部兩旁有神經線連接兩邊橫膈膜，如果腫瘤令神經線或橫膈膜黏連，又或手術時傷及膈神經，會令橫膈膜失去功能，降低肺功能。患癌、剛做過手術及長時間躺臥可造成下肢靜脈血管栓塞，繼而引發肺動脈血管受阻塞，影響心肺功能，甚至死亡，故術後要盡快下床活動，能幫助血液循環，減低靜脈血管栓塞機會是很重要的。

支氣管胸膜瘺，是因手術後支氣管殘端癒合不良形成瘺管是很嚴重

手術治療篇

的併發症，發生的機會為 1 至 4%。這個併發症在全肺切除術出現的機會(約 4%)比單一肺葉切除術(約 1%)高。一旦發生這個併發症，生命危險可以高過 20%。

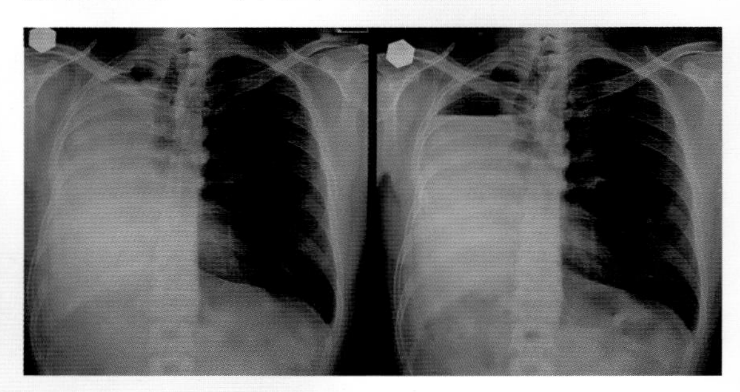

◀進行右肺切除手術後，空間逐漸積滿液體。

單一肺葉切除術的死亡率大概是 2% 左右，而全肺切除術死亡率為 7 至 10%。

Q 手術後有什麼需要做？需要再覆診嗎？

A 術後痛楚管理並不能小覷，而微創手術的其中一個特點是痛楚比起傳統手術得以減少。不論是微創或傳統開胸術，術後仍有一定痛楚，所以止痛是非常重要的一環。止痛藥可以由病人控制，按需要時服用或注射。因為如果控制不了痛楚，以下的復康運動就難以做得到。術後應要多進行深呼吸以及咳出痰液，減少肺炎，呼吸衰竭的機會。除此之外，應盡快開始多嘗試坐起來和下床走動，以減低靜脈血管栓塞風險。如此可以幫助剩餘的肺部脹起，填補手術後的肺部空間，減少胸腔積液、積氣的機會。手術後痛楚減少，可讓患者於深呼吸、活動時承受的痛楚也得以減輕，有利復康。

術後約 1、2 天可連接著引流箱落地走路，約第 3 至 4 天可拔除引流管，如無大礙，術後約 5 至 7 日已可出院。主傷口約於術後 7 日已經癒合。

通常術後 2 星期需向外科醫生覆診一次。醫生會為病人檢查傷口狀況，進行 X 光造影檢查確認肺部重新脹起的狀況。主傷口一般不需拆線，因為用可自然吸收的線來縫補傷口，而引流管傷口則需要拆線。之後手術後每隔 3-4 個月才需再覆診，如果 2 年內都沒太大問題，就改為每半年覆診一次，情況穩定就隔一年再覆診。如有剩餘腫瘤或期數高的人士，或需繼續接受化療、電療，就要在手術後持續覆診。

Q 手術會否對患者往後的日常生活造成影響？

A 一般而言，進行手術前會先評估手術對肺功能之影響。如果術前評估發現，手術後的肺功能會減弱至日常生活也無法應付，便不會通過進行手術。

正因如此，手術後一般的日常生活（如：走路、洗澡、輕量運動）是沒有問題的。

肺功能一般會於手術後逐漸改善，但始終無法回復到健康時的水平。有病人即使切除了一邊肺部，經鍛煉後仍然能夠進行一些較大運動量的活動如緩步跑、遠足等。正因如此，只要經過循序漸進的體能鍛煉，病人的日常生活於術後並不會受太大影響。

【第三章】

系統性治療

潘智文醫生【甚麼是化學治療？】

【甚麼是放射治療？】

【甚麼是免疫治療？】

黃敬恩醫生【甚麼是標靶治療？】

甚麼是化學治療？

化學治療是利用化學藥物來破壞癌細胞的生長，以及減慢其繁殖和擴散速度，使癌細胞進入休眠狀態或甚至凋亡，從而達到消滅或控制癌症之功效。肺癌治療運用的化療藥物大多數是靜脈注射，亦有部分為口服化療。

化學治療應用廣泛，適用於早期或晚期的肺癌病人。由於化療藥物主要經血管和淋巴到達身體各部分，故化學治療被視作為一種全系統性（systemic）的治療方法。

甚麼是化學治療？

肺癌常用化療藥物概覽

名稱	
卡鉑 (Carboplatin)	順鉑 (Cisplatin)
培美曲塞 (Pemetrexed)	紫杉醇 (Paclitaxel)
多西紫杉醇 (Docetaxel)	吉西他濱 (Gemcitabine)
長春瑞濱 (Vinorelbine)	依托泊苷 (Etoposide)
白蛋白結合型紫杉醇 (Abraxane)	伊立替康 (Irinotecan)

化療在肺癌上的應用

化療的應用廣泛，適用於手術前、手術後及紓緩治療上。三者的治療目的各有不同，療程亦有所變化：

① 術前化療

因腫瘤體積較大，有區域性淋巴擴散，或腫瘤生長位置太接近主要器官，例如：血管、神經線、縱膈等，而暫時未能以外科手術切除肺癌的病人，可透過術前化療把腫瘤縮小，若治療後反應良好，便可考慮施行手術，這做法可增加手術成功之機會。在這方面的應用上，很多時候會配合同步放射治療，雙管齊下。術前化療約2至4個療程不等，臨床數據發現一半或以上病人最終可透過手術切除腫瘤。

甚麼是化學治療？

② 術後化療

一些較早期的肺癌雖然能夠以外科手術切除，但基於肺癌屬系統性疾病，肺癌細胞嗜好在身體內遊走和潛伏，所以理論上早期肺癌也有機會發生系統性擴散，部分不能憑肉眼或儀器監測到的癌細胞可能已隱藏於器官或血液內。術後或術前輔助化療乃是用作減低癌症復發或擴散的武器，將隱藏於系統內的癌細胞殺掉和清洗，五年存活率可以提升約 5-8%，一般會採用共四個療程的化療以達到此效果（每三週進行一個療程）。

③ 控制及紓緩治療

晚期病人（第 IIIB、IV 期），如腫瘤沒有特定的基因變異，即無法接受標靶治療者，可嘗試以化療控制腫瘤生長和減慢癌細胞擴散的速度，從而達到三個目的：一）保持生活質素；二）加強整體存活率及無惡化生存期；三）紓緩肺癌引致的症狀。

縱然是第四期的癌症，如果擴散程度低，例如擴散點局限於三處地方或以下，加上積極的治療方案，部分患者仍有根治的可能性。

甚麼是化學治療？

Q 聽說化療是毒藥，會否對我的身體構成損害？

A 一般人都會「聞化療色變」，認為是一種「玉石俱焚」的方案。事實上，但凡藥物都有副作用，只是化療藥物的副作用較一般的藥物強，但絕非「毒藥」。化療藥物是針對分裂快速的細胞，而癌細胞的生長比正常細胞快很多倍，所以化療會主要集中攻擊這些「壞份子」，縱使對於需要進行恆常分裂以維持正常功能的健康組織，例如毛髮基部細胞和腸黏膜細胞也有短暫的影響，正常情況這些「好」細胞是會隨著時間而自我修復的。

Q 我怎樣選擇合適的化療？

A 病人面對眾多名稱深奧冗長的化療選擇，很自然地會無所適從。事實上不同類型的化療藥物有不同殺滅癌細胞的機制，針對肺癌來說，醫生會按照癌細胞病理為病人挑選合適的化療藥物，達到最佳的療效，例如腺性癌會考慮用培美曲塞，鱗狀癌則可能選擇吉西他濱，而小細胞肺癌標準上較常運用依托泊苷和伊立替康，以上藥物多數會配合鉑金類的化療，包括卡鉑和順鉑使用。醫生亦會因應病人的年紀，身體狀況和實際需要來作藥物篩選。

混合化療

治療肺癌多數會以混合形式使用化療藥物，即同一時間合併使用數種藥物。當中，最常以鉑金類化療如卡鉑或順鉑為骨幹，另配上一種不同機理的化療藥物使用。

甚麼是化學治療？

Q 我的爸爸年紀大了，他可否接受化療？

A 面對年長的癌症患者，家人或病人本身會擔心他們能否承受化療，可知「長者」不等於「弱者」，不少年過六十的病人體魄仍是不錯的，所以醫生除了考慮病人的年紀外，亦會評估他們的身體機能和狀態以決定治療方案，假若病人的身體比較虛弱或是較為年長，醫生會考慮使用單一及副作用較輕微的化療藥物，或調整藥物的份量，以平衡副作用與療效，令長者亦能受惠於化療。

Q 化療藥物 out 了，已被標靶藥物和免疫治療取替？

A 化療藥物的歷史至今已接近八十年，或許令人感覺是不合潮流的治癌方案。事實上，近年化療藥物的發展雖不及標靶藥物和免疫治療法的蓬勃，但也不斷推陳出新，務求能達到更佳的抗癌效果和減輕副作用，例如最新的科技研究是將傳統化療藥物（包括紫杉醇和伊立替康）和白蛋白或納米份子結合，驅使藥物能準確地輸送到癌細胞內作出攻擊。與此同時，

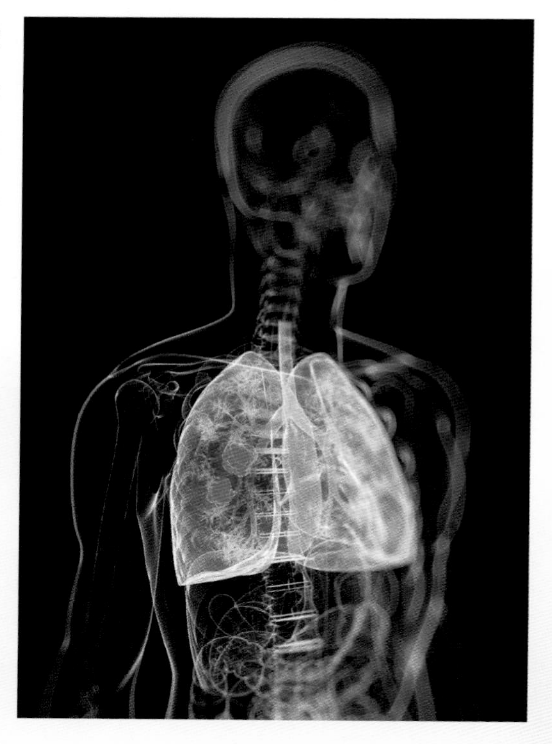

甚麼是化學治療？

不是所有病人也適宜採用標靶藥物或免疫治療的，要視乎癌症的期數和細胞特性，所以化療的地位在今時今日仍是不可取替的。

Q 醫生說我需要打四個療程化療，有些病人卻打六個或以上的療程，究竟是如何決定的？

A 化療的次數是取決於療程的性質，如屬以上提及的術後輔助化療，那四個療程便足夠了。但若是肺癌後期的患者，基本上需要打四至六個療程的化療以作第一輪的攻擊來減少癌細胞的數量，如成效理想，病人或有可能繼續接受持效化療，即持續運用副作用較低的藥物，例如培美曲塞或吉西他濱，以增長患者的無惡化存活期和鞏固癌症的控制。

Q 何謂第一線、第二線化療？

A 「線」是指用藥的次序，簡單來説，第一線化療即展開化學治療時起首使用的藥物，第二線化療便是當腫瘤惡化時轉用的第二種藥物，如此類推。運用於後期肺癌上，第一線化療的有效率接近 40%；第二線化療的治療有效率則跌至 10%。愈後線的化療藥物治療反應率愈低，主要因癌細胞「越戰越強」，惡性和抗藥性續漸增加的原因。

Q 抗藥性是甚麼？

A 當癌細胞長時間接觸同一類藥物後，便能夠自行產生對抗藥物殺滅癌細胞的機制，加上癌細胞本身會發生基因變異或進化，以致一直沿用的藥物無法持續發揮功效，此情況稱之為抗藥性。當中分裂速度愈快的細胞，出現抗藥性的機會便愈高，肺癌可謂當中之佼佼

甚麼是化學治療？

者。以治療肺癌的化療藥物為例，病人完成約四至六個療程後便有機會出現抗藥性。由於不同藥物有其獨特殺滅癌細胞的機制，所以在治療初段醫生多會混合使用多於一種化療藥物從多角度對腫瘤攻擊，令壞細胞要衝破多重難關，可延遲抗藥性的產生。

Q 聽聞化療很傷身，會長遠影響病人身體機能？

A 化療藥物在多數情況下只會對身體造成短暫性的影響，只要使用劑量和療程恰當，對肝、腎或心臟功能不會構成太大的傷害，也不常引致任何嚴重的後遺症。完成整個化療療程後的三至六個月內，絕大部分病人的身體狀態和機能可以恢復正常。

Q 為何完成肺癌切除手術後，仍需接受化療？

A 術後輔助化療乃是國際性癌症治療指引大多會建議的一個治療肺癌的標準方法，對於早期肺癌病人來說，手術後接受化療會幫助提升 5 至 10% 的存活率。雖然治療未能百分百保證病人能夠永久根治癌症，然而站在醫學層面上，只要對提升存活率有正面幫助的治療方案，醫生便有責任提議給病人，在力陳利弊後，讓他們作出決定。術後輔助化療一般於手術後一至兩個月內進行，以 4 個療程為基礎，建議病人衡量療效與副作用，細心考慮。

Q 雖然腫瘤已擴散但我卻沒有病徵，為何要接受化療之苦？

A 末期肺癌病人若不接受任何治療，一般只能維持約 6-8 個月的生命。病人要明白，沒有出現病徵並不表示病情沒有嚴重性和危險性。肺

甚麼是化學治療？

癌的惡化速度驚人，在病徵出現之時才着手控制，恐怕為時已晚。病向淺中醫，即使是晚期肺癌，愈早介入治療預後愈好。況且，現時所採用的新一代化療藥物副作用較傳統的減輕不少，這有賴化療藥物的抗癌機制得以進步，例如使用藥物培美曲塞時，基本上也會配合「解藥」一併服用，「解藥」乃是維他命 B12 和葉酸，病人可以在接受化學治療前一星期左右開始採用，從而提升體內的儲備，減低治療對正常細胞可能造成之影響。因此很多正接受化療的病人，仍能夠如常生活或甚至工作，外人根本看不到他們的身體變化。

Q 接受化療期間應足不出戶？

A 這純屬誤解。病人接受化療後的第二至五天身體會比較虛弱，而第十至十四天後白血球可能稍低，但不至於完全沒有免疫力，因化療而免疫力不足而併發死亡的個案不足 3%。接受化療期間，病人只要注意個人衛生，盡量避免前往人多擠迫或空氣污濁的地方便可以。至於到空曠地方走走，到公園散散步或相約朋友短聚，絕對不成問題，但值得留意的是，病人應避免進食不潔和未經煮熟的食物，以防引致腸胃炎。

Q 化療副作用愈大表示治療反應愈好？

A 暫時沒有醫學研究證明化療藥物副作用與療效兩者有關係，藥物副作用因人而異，受個人體質、用藥的種類、持續之時間等多種因素影響，不能一概而論。即是說，接受治療後副作用多寡並不是療效的一個直接反映。

甚麼是化學治療？

Q 化療後，嘔吐是必然的？

A 對嘔吐的恐懼依然令不少病人對化療茫然卻步，除了影響日常生活和進食外，嘔吐也可能消減抗癌的鬥志。但事實上，化療藥物已發展至第三四代，新一代的藥物引起的副作用已大幅減少，尤其是一般用於肺癌的化療藥物致吐度只屬輕微至中度級別。而針對嘔吐的藥物亦推陳出新，無論口服、注射或穿皮貼片劑，紓緩嘔吐和作悶的成效亦超卓，可達至接近「零嘔吐」的效果。

Q 我怎樣能減少化療後的嘔吐和腸胃不適？

A 化學治療引起的嘔吐可分成急性嘔吐（化療後 24 小時內發生）、延遲性嘔吐（化療 24 小時後才發生，可能會持續二至五天）、和預期性嘔吐（開始化療前 24 小時發生）三種。醫生會因應化療藥物的致吐性而處方合適的止吐藥，而自己亦可在飲食方面著手，儘量進食容易消化之食物，避免味道太濃、太甜或太油膩的食物，少量多餐，在起床前後及運動前吃較乾的食物，避免同時攝取冷、熱的食物，接受化療前 2 小時內應避免進食，以防止嘔吐。放鬆心情亦非常重要，因部分病人因過份緊張和憂慮，在化療尚未開始前已經在嘔吐了！

甚麼是化學治療？

止嘔藥物一覽

① NK1 受體拮抗劑 / NK1 antagonist (Aprepitant/Fosaprepitant)
② 血清素拮抗劑 / 5-HT3 antagonist (palonosetron, ondansetron, tropisetron, granisetron)
③ NK1 受體拮抗劑結合血清素拮抗劑 (netupitant/palonosetron)
④ 多巴胺抑制劑 (Metoclopramide, haloperidol)
⑤ 抗組織胺 (anti-histamine)
⑥ 酚噻嗪 (phenothiazine)
⑦ 類固醇 (steroid)

Q 化療後我很擔心脫髮，會很難看啊！

A 針對肺癌所採用的化療藥物引致脫髮的情況，相對用於其他癌症（如乳癌）的藥物輕微，即使有脫髮的情況，亦可採用假髮、頭巾或帽子來美化和遮掩，而在化療完成後的三至六個月，頭髮便會重生。

甚麼是化學治療？

化療副作用對策

用於肺癌的化療藥物所引致的副作用多屬輕微至中度，很少發生強烈反應。病人一般在接受化療後的第二至五天開始感到身體略有不適。若病人遇到化療副作用可透過以下方法紓緩：

副作用	對策
嘔吐	服用醫生處方的止嘔藥物和調節飲食
腸胃不適	從調節飲食習慣入手，少食多餐、進食易消化之食物，例如流質食物、打碎的肉類和蔬菜、蒸蛋和豆腐等
便秘	多喝水並進食含纖維素豐富之食物，亦可配合適量運動和腹部按摩
食慾不振	選取高熱量之食物，有需要時可飲用營養奶粉作補充。餐前作適量運動和進食開胃小食
痱滋	每天使用漱口水或鹽水漱口，保持口腔清潔衛生，避免進食煎炸，過熱和刺激性的食物
脫髮	配戴假髮、帽子或頭巾，並用溫和的洗髮水清潔頭髮和髮根，盡量避免用刺激性的染髮劑（脫髮情況不會太嚴重，完成化療程後 3 至 6 個月，頭髮會重新生長）
疲倦	每天作規律性活動和運動，這有助增加血液循環及調節體內的荷爾蒙分泌。避免長時間臥床。另外，要注意作息時間，日間不要睡太多，以免晚間難以入眠，形成惡性循環
白血球過低	如情況嚴重可考慮注射升白針以保持身體的免疫力，防止感染發生。盡量飲用能加強免疫能力的營養奶粉。晚間要盡早休息睡眠，最佳的細胞修復時間是晚上十時至凌晨二時，不要錯過這黃金時段
貧血	可多吃鐵質豐富的食物，例如紅肉、綠菜蔬和豆類，進食保血藥或打 EPO 補血針，如嚴重貧血可進行輸血治療

甚麼是化學治療？

Q 晚期肺癌患者可長期使用化療藥來控制病情嗎？

A 近年有一個持效治療的概念，這是建基於擴散性腫瘤病人完成整個化療療程後，一般仍有癌細胞殘留身體內，停藥後這些癌細胞有機會於短時間內再度活躍。持效治療分兩類，一類是持續利用第一線運用過的藥物(Continuous Maintenance)或轉用另外的藥物(Switch Maintenance)用來維持功效，和控制腫瘤生長，以穩定病情，數據指可增加整體存活期數個月。持效治療一般選用副作用較低的藥物，例如：培美曲塞或吉西他濱。

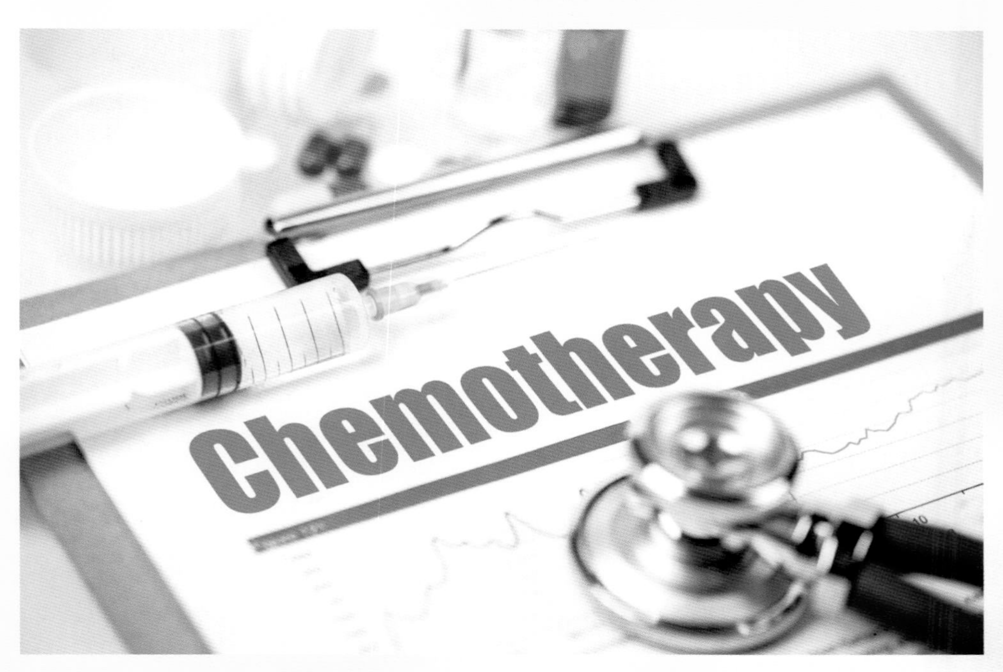

甚麼是放射治療？

Q 什麼是放射治療？

A 放射治療是利用高能量的 X 光射線集中在腫瘤或潛在有癌細胞的位置作治療。放射治療最常用的 X 光射線與普通照 X 光的屬於同一種類，不過能量高出多倍，能殺死或破壞癌細胞，抑制它們的生長、繁殖和擴散。基本上放射治療適用於很多類型的癌症，不局限於肺癌。

Q 放射治療與其他治療方法有何不同？

A 比較起其他癌症治療方法，放射治療是一個較為局部、區域性的治療，只會影響腫瘤及其周邊部位。化療、標靶藥物、免疫治療則屬於系統性治療，藥物會隨著血液走遍全身去接觸不同部位和器官的癌細胞。所以整體上放射治療的副作用亦會較輕微和局限一點。

Q 放射治療是怎樣消滅癌細胞的？

A 放射治療採用高劑量射線照射和攻擊癌細胞，直接地引起細胞內 DNA 分子出現斷裂和交叉性破壞，射線亦可在人體內產生自由基，間接地導致癌細胞不可逆轉的損傷。

Q 我的正常細胞也會被放射殺死嗎？

A 所有細胞都會生長和分裂。但是癌細胞生長和分裂的速度比較正常細胞高出很多倍，放射治療的特性就是針對快速生長的壞細胞作出傷害。雖然一些正常細胞也會受到輻射的影響，但是大多數都會自然復原的。醫生亦會在設計放射治療的計劃時，控制著病人體內正常器官所接受的輻射劑量，確保對身體的損害減至最低。

甚麼是放射治療？

Q 「電療」又是什麼？

A 「電療」是放射治療的另一個名稱，在坊間較多人採用，其實是指同一種治療方式，但「電療」這名稱可能令人誤以為治療利用電流引至身體觸電，所以還是「放射治療」這名稱比較貼切和專業。

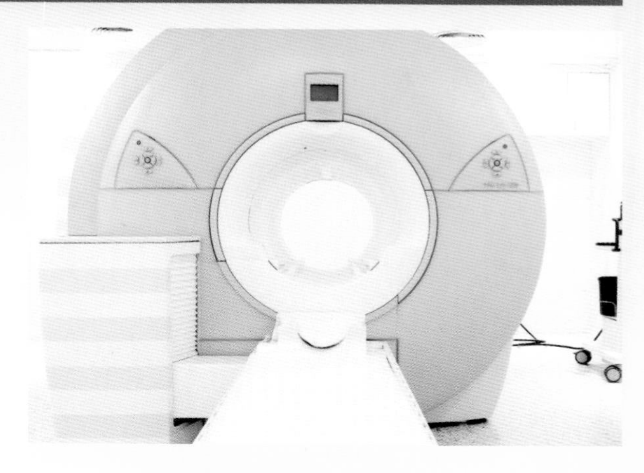

Q 放射治療有幾多種？

A 放射治療主要有兩種形式，體外照射和體內照射。體外放射是利用放射治療儀器，例如直線加速器，將高能量射線由距離人體100cm左右照射入體內，來瞄準腫瘤的位置，從而殺傷癌細胞。另一方面，體內照射就是將高輻射度的放射源透過儀器送入人體腔內或配合手術插入腫瘤組織內，進行近距離照射，將高劑量輻射集中在腫瘤位置，並盡量減低對周圍組織和器官的損害。在肺癌的治療方面，大多採取體外放射的方式，而體內照射則可應用於氣管或主支氣管有腫瘤的病人，尤其是以往曾經已接受過體外放射的個案。

甚麼是放射治療？

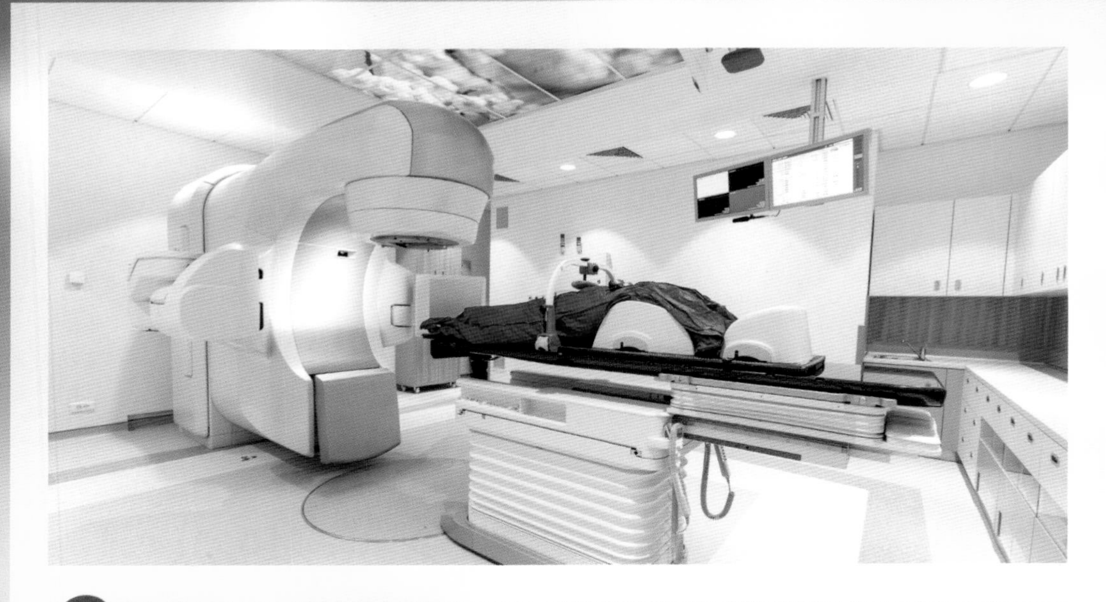

Q 聽說有許多新的高端放射治療科技，和以往的技術有什麼分別？

A 傳統上大多數放射治療都是利用高能量的 X 光射線，作二維放射或三維放射，即利用兩個或三數個的放射野來瞄準目標範圍，這些放射設計和治療方式較簡單和方便，但精準度較低。現今較常採用更先進的放射治療技術和設備，務求達到更精準和個人化的治療效果，增加癌症控制率之餘，亦盡量減輕對正常組織的傷害，將副作用減至最低。

二維放射

二維放射是最傳統的放射治療方式，X 光射線會在前後或左右兩個方向放射，設計和治療比較方便快捷，但現在普遍較為少用，因為精準度較低，保護不到正常的器官。

甚麼是放射治療？

三維放射

現在放射治療最低限度需要三維立體放射，用電腦軟件作設計，運用多於三個或以上的放射野，來集中瞄準腫瘤位置，能有效提升精準度，避免影響周遭正常細胞與器官。

Q 新型的放射治療方法非常多樣化，醫生可否介紹一下？

A 現今確實有不少新的放療科技可供肺癌病人運用，包括以下幾種：

立體定位手術放射治療 Stereotactic radiation therapy

一般體外放射治療需時六至七星期（約 30 至 32 次）一個療程，但立體定位只需數次（約 3 至 7 次）就完成，因為每次使用較高的劑量，並用不同角度 X 光射線到達身體更深層的地方，由於採用準確的立體設計定位，因而放射野邊界十分銳利，確保了非腫瘤區正常組織安全，帶來類似手術的效果。此方法適合偏小的肺癌病灶，能有效根治初期（第一、二期）腫瘤，或用來治療腦部擴散的病人。

強度調控適形放射治療 IMRT Intensity-modulated radiation therapy

強度調控是利用大量微細的射束從不同角度照射，在癌腫位置匯合。它能夠依據腫瘤本身的形狀，及周邊組織的相關位置，調節放射劑量分佈，將高劑量區集中於腫瘤，減少對正常組織的傷害，而精準地對付不規則的腫瘤。在放射儀器方面，亦採用多葉式光欄的細小葉片，甚至動態光欄，能排列出不同形狀和達致理想的劑量分佈，驅使放射範圍和劑量更加配合治療需要。

甚麼是放射治療？

螺旋放射影像導引治療 Tomotherapy

又稱為「導航螺旋刀」，有別於傳統直線加速，利用 360 度螺旋式方法，以幾十倍以上的角度治療，因此有更好的治療與組織器官保護效果。螺旋刀屬於高級的強度調控，可以控制放射的速度與劑量。360 度多角度射線能夠追蹤腫瘤形狀及位置轉變，精準性較高。所以特別適合肺癌患者，因為肺部是不斷隨著呼吸移動的器官。

速弧放射療法 /TRUEBEAM 放射治療儀器

TRUEBEAM 機每分鐘的放射劑量比傳統治療高 10 倍，是一種速弧放射療法，能發放弧形放射線，有效避開神經線、心臟等主要器官，較傳統儀器更準確，又可減低周遭器官的放射影響。亦因為如此，可以提升平均劑量，繼而減少治療次數。儀器亦設有呼吸調控系統，能以 X 光偵測病人呼吸頻率，當腫瘤隨病人呼吸移動至目標治療區域時，才會釋放出放射物，方便治療肺部的腫瘤。

影像導引放射治療（IGRT：Image-Guided Radiation Therapy）

一般情形下，病者在每次放射治療前所擺放的位置可能都有輕微的差別，加上體內腫瘤與器官的移動，或會導至有治療上的誤差，為了增加放射的準繩度，在每次治療前都可利用影像導引的科技，以治療機內之電腦斷層掃描取得治療前所有組織位置的影像，與原本治療設計的影像作比較，找出相關三度空間之誤差後立即修正，以最精確的位置執行治療。

甚麼是放射治療？

質子治療：Proton Therapy

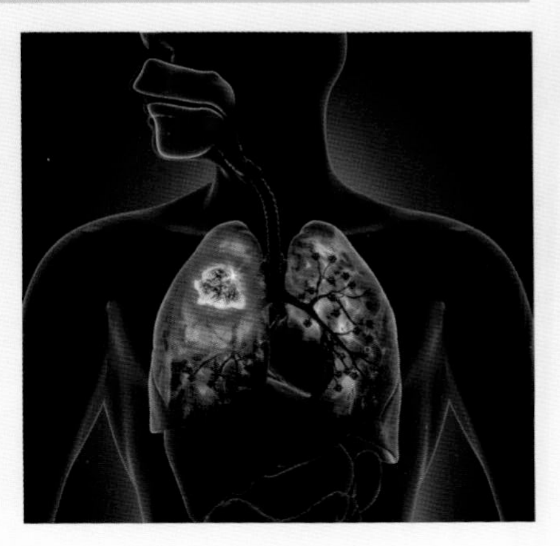

質子治療的原理是將從氫原子中提取的質子加速至光速的 70% 後照射腫瘤，對比傳統 X 光放射治療，質子治療會使用點掃描照射技術，放射線穿越人體的初段射程期間，只釋放非常低的輻射量，直至抵達指定的腫瘤位置和深度才快速釋放高劑量輻射，仿如「深水炸彈」，能更集中消滅癌細胞。因為擁有這種特性，質子射線除能精準打擊癌細胞外，亦降低正常組織輻射劑量及副作用，已逐漸成為某些腫瘤之有效且較佳的放射療法，經臨床研究已證實可提升早期肺癌治療的成功率。

近距離放射治療

以上介紹的放射方法都是從體外穿過皮膚的，而近距離放射治療的特色是利用遙控把放射源頭 IR192 放進身體內進行放射。醫生會利用氣管鏡置入導管，再用遙控把 IR192 放在腫瘤附近。近距離放射更能減低 X 光對周遭器官的影響，所以通常會使用較高劑量。不過此方法並不常用，因為不是所有腫瘤位置都適合。以肺癌為例，近距離放射比較適用於肺部中央的腫瘤，因為導管難以進入支氣管。同時，腫瘤太大也不適合此治療方法。此方法亦可以用於紓緩性治療，避免腫瘤阻塞氣管，影響呼吸。

甚麼是放射治療？

Q 放射治療可應用於什麼階段的肺癌？

A 放射治療可以用於早、中、晚期的肺癌，不過作用和目標並不相同。放射治療最常用於早期肺癌（第一、二期），目標是根治性的，因這類病人在接受高劑量的放射後，有六至七成患者可以達到至少五年的存活期。一些中期肺癌患者若然因腫瘤過大或有淋巴擴散而未能做手術，亦可以利用放射治療配合化療把腫瘤縮小，再嘗試以手術切除，此方法的五年存活率約有三至四成。如果不幸屬於末期擴散性腫瘤，放射治療也可以用來控制癌症的生長速度，和紓緩因腫瘤擴散引致的症狀，例如氣喘，咳血，骨痛等。

Q 放射治療有副作用嗎？

A 放射治療的副作用要視乎放射的位置與範圍大小，一般常見的副作用為疲倦、胃口變差等等。體外放射也可能產生皮膚反應，有點像曬了太陽，或會導致皮膚紅腫或脱皮，但科技日新月異，放射儀器的穿透性亦越來越高，不會像以往般容易讓皮膚潰爛。因肺部和鄰近淋巴組織的位置，放射肺部腫瘤有機會影響周遭器官，可能引致食道炎、肺炎、吞嚥不適、咳嗽、輕微氣喘等。此等副作用通常是短暫性的，只會在治療期間至治療後數個月內出現。醫生會根據患者情況，處方藥物來減輕副作用的。

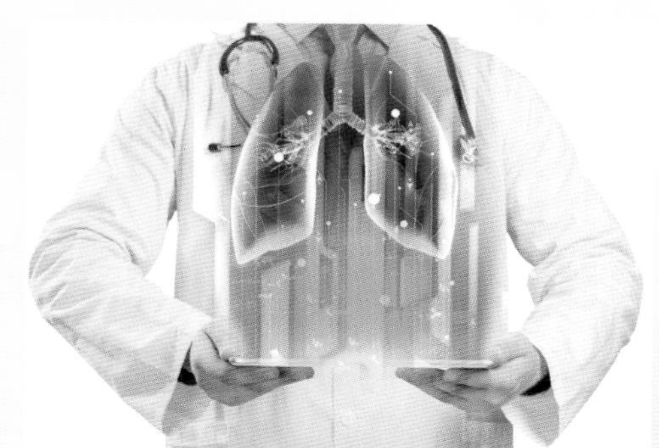

甚麼是放射治療？

Q 放射治療有劑量的限制嗎？

A 身體每一個器官也有接受輻射的上限，如超標便有可能產生永久性的損害。例如肺部若吸收了過量的放射劑量，則可能出現炎症、纖維化、甚至組織壞死，影響肺功能，令患者咳嗽和氣促。但醫生在幫病人設計放射治療時，會考慮所有腫瘤週邊正常器官的位置和嚴緊地控制它們所接受的放射劑量，以確保重要功能和器官不會受破壞。

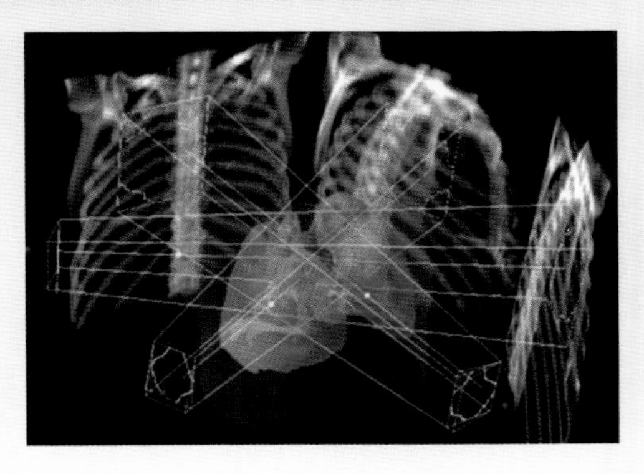

Q 放射治療的過程是怎樣的呢？

A 放射治療的療程一般為一至七星期不等，視乎治療的目標、肺癌的期數、體積和位置而定，大多數會一週進行五次，每次需時 10 至 20 分鐘左右。

Q 放射治療要留在醫院進行嗎？

A 每天的放射治療也會在醫院進行，但如病人情況穩定，當天的治療完畢後便可回家休息，作門診式進行，是無需住院的。

甚麼是標靶治療？

標靶治療已經有多年歷史。最初，標靶藥物效果並不太顯著，原因在於它起初應用時並沒有一班特定病人，只作為化療失效病人的二線用藥，卻發現此藥成效並不理想。往後醫學界才掌握到，此藥原來對某類肺癌的療效特別顯著。最初仍以為有效的只局限於亞裔及不吸煙的肺腺癌病人，但後來才發現成效需視乎癌細胞內裡是否存有一些特定的基因突變，包括 EXON 19 及 21。並非所有基因突變類型亦對此藥有反應，如 EXON 20 便是其中例子。

甚麼是標靶治療？

化療會將癌細胞及正常細胞一併破壞，以犧牲正常細胞，包括骨髓、頭髮、腸胃黏膜細胞的方法消滅癌細胞。但事實上，肺癌種類甚多。傳統肺癌分類將之分為小細胞與非小細胞肺癌，而非小細胞肺癌又可再細分為鱗狀細胞、腺狀細胞、大細胞癌，不過這種分類仍有不足之處，因為大部分腺癌，及少部分其他類型非小細胞癌的特性有所不同。醫學界發現尤其不吸煙的肺癌患者，其癌症是由基因突變引起，亦即這類肺癌會因基因突變而不受控制地生長，而標靶藥物正正是透過中止癌細胞的訊號傳遞，令癌細胞無法自主繁殖。舊有的癌細胞因為沒有新細胞的補充，故癌症亦可受控，甚至連透過影像掃描亦發現不到它們的蹤影。所以我們相信，肺癌一詞應包含吸煙、由其他毒性或基因突變引致的肺癌。

以腺癌為例，約有六成帶有 EGFR 基因突變，另亦有 7% 為 ALK，1 至 2% 為 ROS1。科學家目前仍在探索其他突變基因的類型，包括 RET、BRAF、MET、HER2、PIK3CA 及 DDR2，從而擴闊標靶藥物的適用範圍，令更多病人能受惠於標靶藥物。

病人的癌細胞如帶有突變基因如 EXON 19 或 21，在轉移性肺癌個案中，標靶藥物可作為第一線治療。相反沒有基因突變的肺癌患者如棄用化療藥，改用口服標靶藥物，成效反會強差人意，更會耽誤治療的黃金機會。

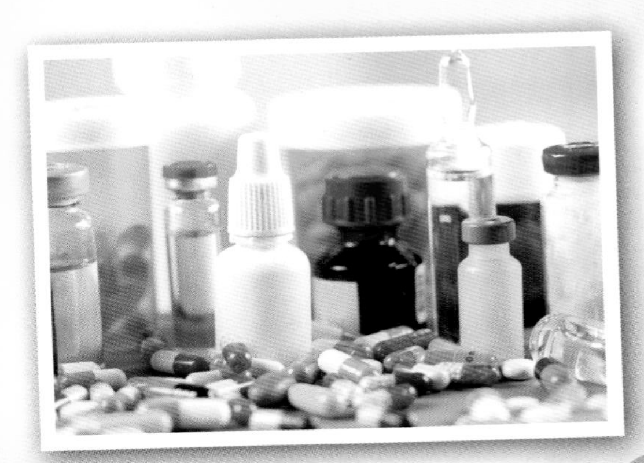

甚麼是標靶治療？

Q 現時有多少種標靶治療藥物？

A 目前約有 3 種針對 EGFR 基因突變的標靶藥物，包括：Gefitinib、Erlotinib 及 Afatinib，其中前兩者及後者分別為第一代及第二代口服標靶藥物。最近亦研發了第三代口服標靶藥物 — Osimertinib。針對 ALK 基因變異亦有三種藥物 — Crizotinib、Ceritinib 及 Alectinib，當中 Crizotinib 及 Ceritinib 亦同時適用於 ROS1 基因變異。

至於藥物選擇，如 Gefitinib、Erlotinib 或 Afatinib 會根據哪些考慮確定選用何者？目前並無研究哪種藥物比較有效，故選擇時很視乎個別醫生的經驗與及不同種類的副作用，有時亦會以有否腦部擴散作為考慮因素。

甚麼是標靶治療？

Q 標靶藥物有副作用嗎？

A 最常見的副作用包括皮疹，較常出現在面部、鼻翼、嘴部附近，並有可能蔓延頸部、胸口、背部；有個別病人在手指甲或腳甲附近出現發炎，或口腔黏膜出現類似「痱滋」的潰瘍；亦有部分病人會腹瀉，或需服用止瀉藥物，但這些副作用並不會引致生命危險，可透過一些方法如避免曝曬等處理。個別較為嚴重的副作用或會影響肝功能，須聽從醫生指示處理。

雖然大部分標靶藥也是安全的，值得強調的是，有約 5% 服用者可能會出現一種由藥物引致的非傳染性肺炎 — 間質性肺疾。它跟一般肺炎有相似之處，包括突然咳嗽、氣喘，甚至發燒，有時在臨床上未必那麼容易分辨。而不同之處則在於，它較感染性肺炎來得較急促，病情於一兩天內會急劇惡化，病人活動時會明顯氣喘，即使停止活動氣喘亦久久未能平復。一旦出現此情況，應及早通知醫護人員，以安排入院檢查診斷，透過 X 光、電腦掃描，可發現兩邊肺部會大範圍出現磨砂玻璃樣的發炎。

處理方法為快速求診，通知醫生，經過排除其他疾病可能後，便會盡快處方解藥 — 高劑量類固醇。雖然一旦出現間質性肺疾，會有致命之虞，但如能從速處理，很多時候病情還是可以逆轉的。

甚麼是標靶治療？

Q 醫生說我所服的標靶藥，無惡化存活期約 9 個月，整體存活期則是 30 個月，到底我只有 9 個月命，還是 30 個月命？

A 口服標靶藥物用於合適病人身上成效較化療更顯著，無惡化存活期亦有改善，整體存活期亦比化療的 7-9 個月延長至 30 個月。以 EGFR 口服標靶藥為例，無惡化存活期是以病人服用此藥期間，腫瘤對藥物有反應、能受控制、並無惡化或變大為標準，並非指病人壽命僅得 9 個月，而是約 9 個月後，腫瘤便會出現抗藥性，病人或需考慮轉藥。而醫學上所指的存活期是個中位數，即有一半人少於 30 個月，有一半人則多於 30 個月，這只不過是研究所得出的統計數字，並不代表個別服用藥物的病人會有 30 個月命，因為連醫生也無法準確預測每位病人的存活期。

甚麼是標靶治療？

Q 是否一旦確診肺癌，便能得知自己是否適合服用標靶藥？

A 確診肺癌後，還要做一個癌症分期。即使有基因突變，還是要根據分期來決定治療方案。視乎患者身體狀況，一般 I 期及 II 期肺癌患者如身體狀況良好，會建議手術切除。並會根據手術的病理學報告，作病理學分期，從而決定患者是否需要作跟進化療、電療。IIIA 期的治療則較具爭議性，需透過跨專科討論才有定案。一般會建議先做電療、化療，視乎治療反應才決定是否再作跟進的手術切除。IIIB 及 IV 期則會考慮系統性治療，如口服標靶藥或化療。

但即使已確診及分期，肯定為 IIIB 或 IV 期，仍未能確定能否服用標靶藥物。因為即使確診肺癌，使用傳統方法，只有 36% 能得知有否基因突變。新一代診斷方法，如支氣管內視鏡超聲波、針吸活檢，確診肺癌後，則有 96% 個案也能知道是否適用標靶治療。近來亦發展了驗血檢測基因突變的技術，但技術仍未算成熟，一般只有擴散性肺癌才有機會從血液驗出有否基因突變，而且這種方法的假陰性可能較高，故如驗血無法確定，便需作進一步活檢，以確定有否基因突變及是否適合使用標靶藥物。

Q 如我能服用標靶藥，要服用多久才有效？

A 一般來説，患者可於服藥後三數天內已感覺到徵狀上的改善，如咳嗽、氣促減少。但正常情況下，會以一個月時間界定所使用的標靶藥有否成效，因為即使有基因突變，對藥物有良好反應的可能只佔約七成。

甚麼是標靶治療？

標靶藥物停藥的情況只有兩種，一種為失效，另一種為副作用如嚴重的皮膚反應、腹瀉、肝功能受損、間質性肺疾等難以承受，否則標靶藥仍需長期服用至失效為止。

Q 服用標靶藥期間如病情開始惡化，如發現癌指標上升，或掃描顯示腫瘤開始惡化，該如何處理？

A 一般情況下，醫生仍會建議繼續服用標靶藥物，尤其惡化速度不明顯時。如惡化速度漸趨明顯，仍可重做活檢或血液基因測試，看看有否一種獨特的抗藥性 — T790M，有的話便會轉用第三代口服標靶藥 — Osimertinib。沒有 T790M 抗藥性，便會考慮轉用化療。有時亦會配合使用針對癌症血管增生的藥物，如 Bevacizumab、Nintedanib。

甚麼是標靶治療？

Q 當標靶藥及化療藥也失效時，還有其他可考慮的治療方案嗎？

A 免疫治療被視為第五治療方案，即繼手術切除、電療、化療、標靶藥以外的方案。雖為第五治療方案，但近來亦發現如患者癌症活檢發現 PD-L1 抗體，並佔癌細胞 50% 或以上，免疫治療亦可作為沒基因突變的擴散性肺癌患者第一線治療方案。

癌細胞會戴面具偽裝自己，令身體無法識別它們，以避過免疫系統的耳目。免疫治療可以將癌症面具卸下，令免疫系統能重新發現這些壞分子，發揮消滅癌細胞功效。

而即使身體沒有 50% PD-L1 抗體，亦不代表不能使用免疫治療。如發現化療後病情惡化，亦可考慮使用免疫治療。

相信免疫治療是較新的領域，隨著醫學發展，免疫治療的種類及應用範圍會不斷更新。（詳見免疫治療篇）

Q 免疫治療有副作用嗎？

A 免疫治療的副作用與口服標靶藥物類似，同樣可引致免疫系統帶出的疾病，如間質性肺疾，亦可影響神經線、肝功能，或引起內分泌失衡，故需定期覆診。免疫治療的療程為：靜脈注射每兩至三星期一次，一般毋須留院，日間護理經已足夠。

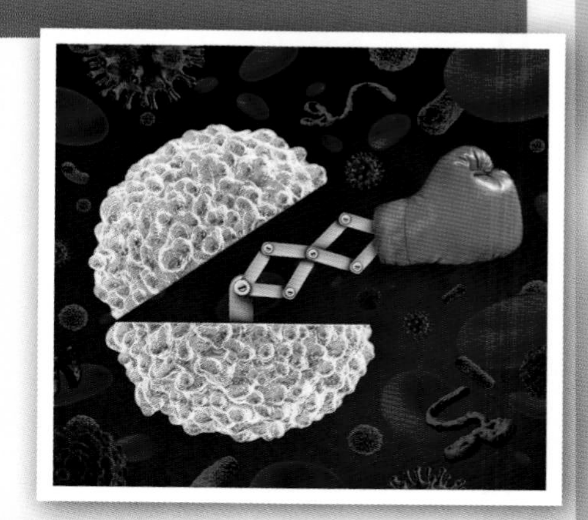

甚麼是免疫治療？

Q 什麼是免疫治療？

A 免疫治療的原理是利用自身免疫系統去對抗癌症。免疫治療並不是一種單一的藥物或治療方式，事實上有很多不同種類，但目前在肺癌治療方面唯一獲得美國食品藥物管理局（FDA）認可的方法就只有 PD1 或 PDL1 抑制劑這種藥物，因為有研究與數據證實效果。在香港以外的地方有其他另類的免疫治療，如抽取體內的白細胞製造疫苗或 CIK 療法，但因這些療法尚未有實質數據證實有效，所以只屬實驗性而並非標準治療。

Q 自身免疫系統如何消滅癌細胞？

A 人體免疫系統內的白細胞本來有能力可以自行消滅癌細胞。癌細胞會釋放一些抗原，而我們免疫系統內的樹突狀細胞會循著抗原找到癌細胞，然後送去 T 細胞溶解消滅。

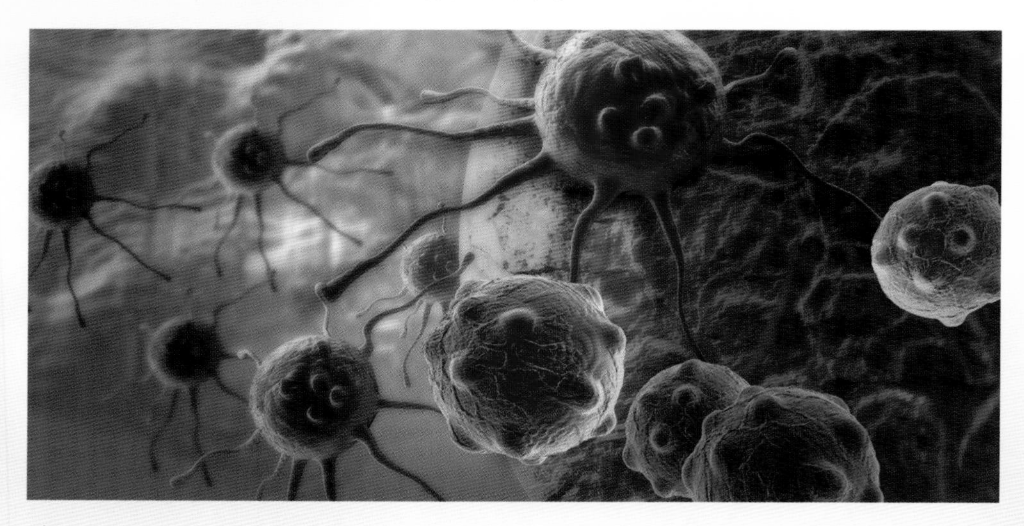

甚麼是免疫治療？

Q 免疫系統可以消滅癌細胞，為何還會有癌症出現？

A 我們的 T 細胞受免疫檢測點調控，而免疫檢測點會受到癌細胞影響，令免疫程序無法啟動。因為人體中的白細胞表面有 PD1 受體，而癌細胞表面則有 PDL1 蛋白。兩者結合後，白細胞系統會被關閉，繼而無法辨認並殺死癌細胞。目前免疫治療能有效針對的免疫檢測點為 PD1 與 CTLA4。

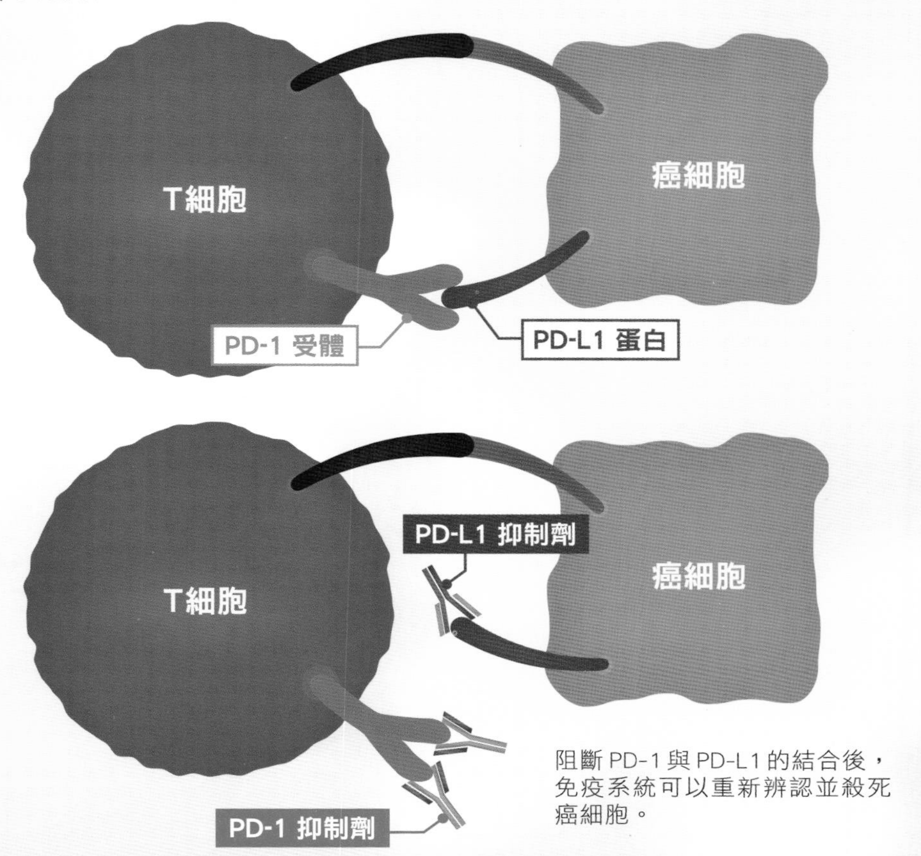

甚麼是免疫治療？

Q 目前有哪些經認可的免疫治療藥物？原理為何？

A 目前經 FDA 認可可用作免疫治療的藥物包括以下四種：

- pembrolizumab
- nivolumab
- atezolizumab
- durvalumab

以上都是靜脈注射式的抗 PD1 或 PDL1 藥物，每兩至三星期注射一次，而頭三種在非小細胞晚期肺癌治療方面已有認可。它們可以阻止 PD1 受體與 PDL1 蛋白結合，重新打開 T 細胞機制，讓白細胞可以辨認並消滅癌細胞。

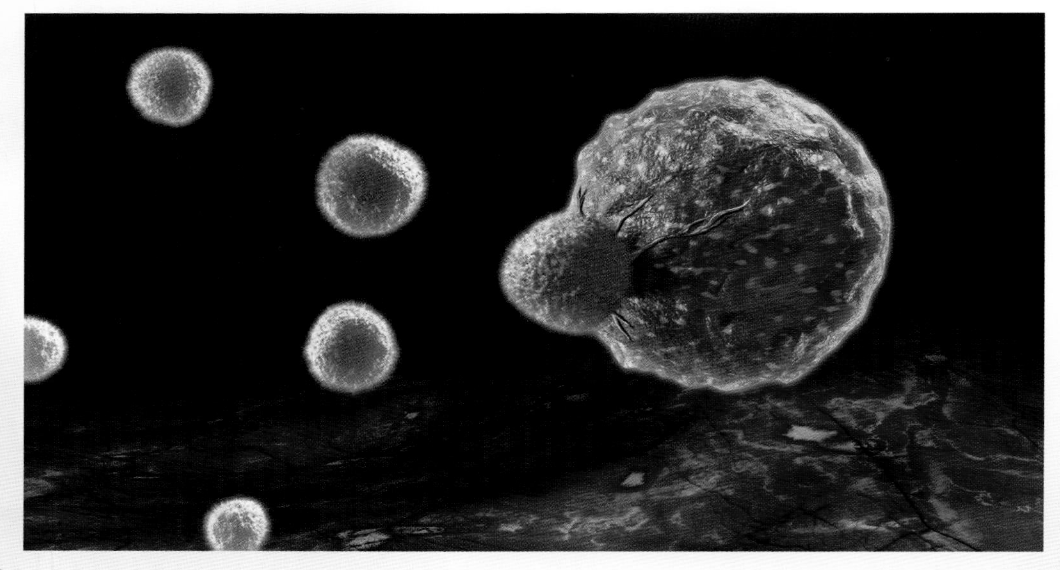

甚麼是免疫治療？

Q 免疫治療可以用於哪種癌症？

A 目前 FDA 已經認可抗 PD1/PDL1 免疫療法用於治療晚期肺癌、黑色素瘤、腎癌、頭頸癌、淋巴癌、尿道癌、胃癌及高度微衛星不穩定(MSI-H)實體瘤等癌症。專家現正積極研究免疫治療用於其他腫瘤的效果。

Q 免疫治療如何運用在治療肺癌上？

A 免疫療法最初的研究是運用於第一線化療後惡化的四期非小細胞肺癌患者，作二線或以後治療。它針對晚期、已擴散的患者，是控制性而非根治性治療，希望為患者延長生命並改善生活質素。在二線治療中，以下三種藥物都可以採用，並有大型研究數據支持：

atezolizumab

比較傳統化療，肺癌患者的整體存活期提升了 27%。無論患者的癌細胞 PDL1 表達如何，使用 atezolizumab 在整體存活率上也有得益。

nivolumab

肺癌患者整體存活期由 9.4 個月增加至 12.2 個月，Nivolumab 在鱗狀癌中的表現尤其出色，患者的無惡化存活期由 6 個月延長至 9.2 個月，並減低 40% 死亡風險。

pembrolizumab

比起傳統化療，有效增加肺癌患者整體存活率及無惡化存活期，整體存活期由 8.5 個月增加至 10.4 個月。pembrolizumab 對 PDL1 表達高的癌症較為有效，建議患者先用癌細胞樣本進行 PDL1 蛋白測試。

甚麼是免疫治療？

Q 只能用在後線治療上嗎？

A 根據最新研究，免疫治療亦能採用於晚期沒基因變異的非小細胞肺癌的一線治療上。FDA 已經於 2016 年 10 月批准 pembrolizumab 作此運用，不過患者要先經過腫瘤樣本 PDL1 測試，證實有高程度表達 (TPS ≥ 50%) 才能使用。數據顯示，pembrolizumab 用於第一線的效果比鉑金類藥物混合性化療佳，患者一年的存活率由 54% 提升至 70%，而無惡化存活期則由 6 個月增加到 10.3 個月。一線免疫治療通常用於沒有基因變異的病人上，因為基因變異肺癌患者接受標靶治療的效果非常出色，所以用過針對性的標靶藥後才會考慮免疫治療。

Q 免疫治療能否配合化療使用？

A 有最新的研究指，在晚期非小細胞肺癌的一線治療上，和 pembrolizumab 合併使用能提升培美曲塞和卡鉑這對化療組合的效果，反應率由 29% 提升至 55%，無惡化存活期亦由 8.9 個月增長至 13 個月，故 FDA 在 2017 年已經認可這個三藥組合的運用。

Q 免疫治療有副作用嗎？

A 比較起化學治療，免疫治療靠自己的免疫系統消滅癌細胞，是很天然的療法，但並不等於沒有副作用。免疫治療的副作用的確比化學治療和標靶治療少，但仍然有約 40% 接受免疫治療的患者會出現輕微副作用例如疲倦、胃口轉差、腸胃不適、皮疹等。此外，由於免疫治療會刺激白細胞的活躍程度，身體產生炎症的機會會

甚麼是免疫治療？

因應增加，影響肝臟、肺部、腸胃、腎臟等地方。這些炎症一般都只屬輕微級別，醫生可以處方紓緩藥物處理，只有少數嚴重炎症個案需要處方類固醇藥物來控制。

Q 哪些人不適合接受免疫治療？

A 其實沒有絕對不適合接受免疫治療的病人，但若然身體機能較差、精神狀態萎靡、有免疫系統疾病、身體已經出現炎症，或接受治療後出現嚴重炎症者都需要慎重考慮應否採用。

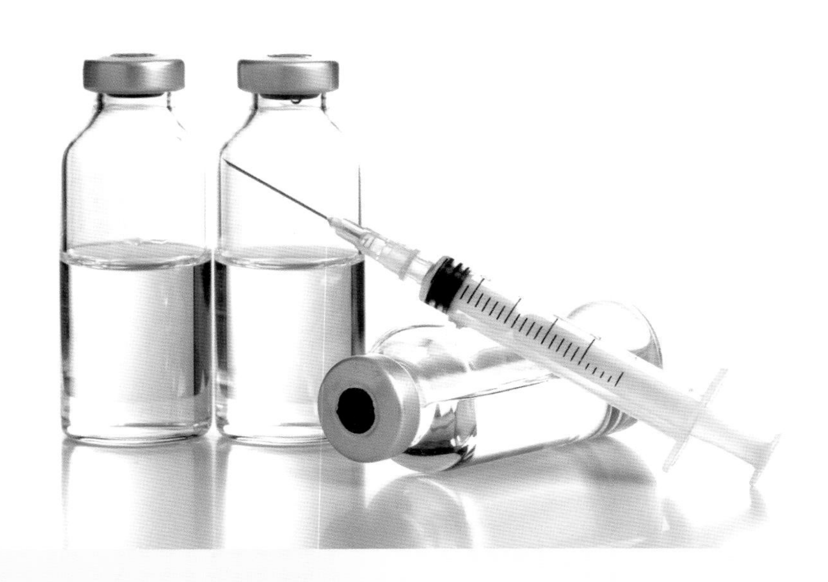

甚麼是免疫治療？

Q 一個療程為期多久？

A 免疫治療並沒有限制特定的次數或時間，要視乎用藥後腫瘤的反應，只要有縮小或穩定的效果就可以持續進行，務求達到控制病情的效果。若在治療進行期間腫瘤變大，代表身體可能產生抗藥性，藥物已失去效果。若有此情況出現醫生便會考慮停藥。但事實上並不是每位病人都對免疫治療有反應的，總括來説有效率大約 20 至 60%，並不是百分百的。在另一方面，免疫治療的獨特之處在於其效果的持久性。個案顯示，用藥後產生治療作用的病人，可有效控制病情平均達一年或以上。一般而言，進行療程 6 至 8 周就會知道藥物是否有效。

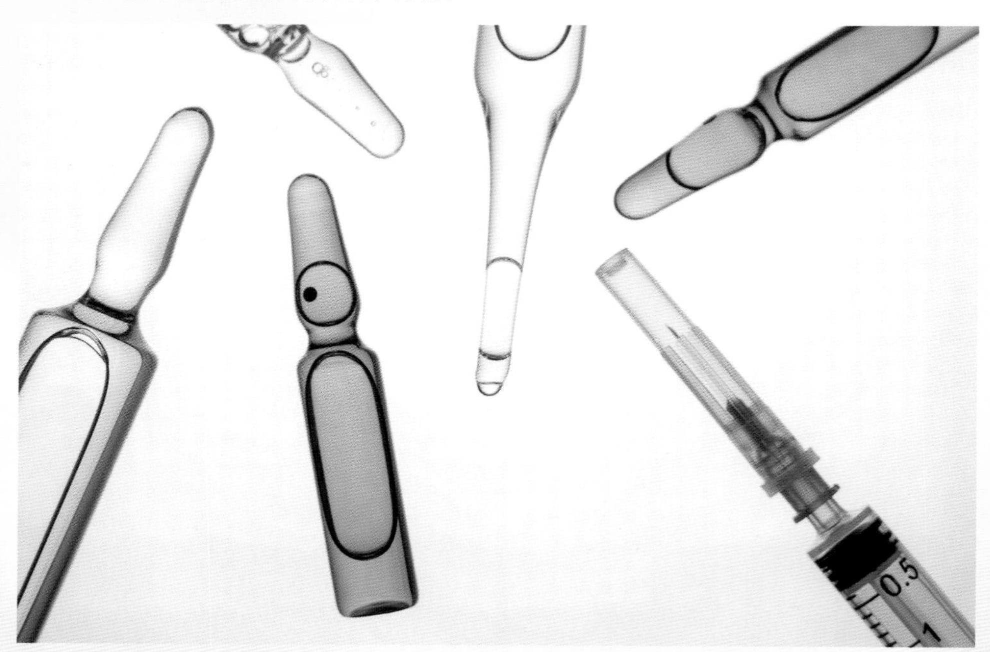

甚麼是免疫治療？

Q 免疫治療的費用昂貴嗎？

A 免疫治療的價錢一般比化學治療昂貴。一次注射大約需要五位數字的費用，持續進行的話並不是一項小花費，所引致的「財政副作用」不能小覷。

Q 比較其他治療法，免疫治療有何優點？

A 免疫治療的副作用較少，而且使用簡單方便，隔兩至三星期一次靜脈注射，注射時間亦只需半至一小時。免疫治療的安全性高、致敏性低，加上效能持久，都是它的優勝之處。

Q 展望免疫治療將來的發展？

A 到目前為止，除了配合化療，所有有關免疫治療在肺癌上被證實的研究數據都止於單一運用。但有初步證據顯示，放射治療可能會增加免疫治療的效果，構成「遠位效應」，即只需要放射一部分的腫瘤，也可以增強免疫治療對抗其他位置的癌細胞之能力。期望在未來會有更多混合其他藥物和治療的方式，如混合標靶、化療和放射治療等，能提升治療效果，讓一眾患者受惠。

【第四章】

紓緩治療

潘智文醫生【紓緩治療】

黃敬恩醫生 / 楊重禮醫生【肺癌外科紓緩治療】

紓緩治療

Q 紓緩治療是什麼？

A 簡單來說，紓緩治療是針對減輕癌症患者不適的治療方案。因為無論是癌症本身或其治療方面，都可能引起患者身心不適及一系列的副作用，而紓緩治療目的是針對這些徵狀，務求病人可達至最舒適的狀態，最終能提昇其生活質素。

Q 紓緩治療通常用於甚麼階段？

A 其實紓緩治療由最初確診癌症時就已經可以展開。如上文所說，紓緩治療是為了減輕不適，而由發現肺癌開始，患者已可能會出現疼痛、咳嗽、氣喘、咳血等徵狀。所以由確診階段，醫生便可採用藥物去為病人紓緩病徵，與手術、放射治療或化療同步進行。另一方面當肺癌到了後期，更多徵狀會產生，紓緩治療在這階段尤其重要，有不少病人曾對醫生說：「我不怕死，只希望醫生能幫我舒服地渡過最後關頭。」所以無論是癌症的初期、後期，紓緩治療都是極之重要的。

紓緩治療

Q 紓緩治療即是善終服務嗎？

A 很多人以為紓緩治療就等於善終服務，但事實上兩者並不一樣。善終服務主要在患者臨終幾天至幾週前進行，為他們安排如何舒適、平和、有尊嚴地離世，當中包括病人身心上的徵狀紓緩，以及家屬的心理關顧。在理想情況下，醫生會預先給心理準備予患者家人，希望他們能夠在患者離世時在身邊陪伴。此外，善終服務亦需要尊重病者意願，如在心肺停頓時不作急救、不插喉等要求。曾經有些家屬不捨末期肺癌家人，不接受病情轉壞，病人情況很差亦要求強行急救，但事實上這只會增添病人痛苦，其實成功挽救的機會很微，百份率極低。所以醫生希望和患者與家人可以盡早作好溝通，避免產生矛盾。

Q 紓緩治療能夠紓緩患者哪些不適？

A 紓緩治療旨在減輕患者任何在患病期間的不適，從早期的疼痛、咳嗽至治療引起的胃口差、腸胃不適、噁心、疲倦，到晚期的氣促、劇痛、失眠等，紓緩治療都能夠有效幫助。隨著患者踏入不同病患之階段，經歷的徵狀和程度大相逕庭，醫生會利用不同的方法為患者減輕不適，包括用藥、醫療程序，例如紓緩性放射治療和抽肺積水、物理治療、心理輔導等。例如手術後主要集中於紓緩傷口痛與神經痛，改善肺功能；化療後則幫助止嘔、減少疲倦和腸胃不適。所以患者應該向醫生坦白在患病期間的不適，讓醫生可以了解並從旁幫助，而非自己啞忍。醫生和病人只要好好溝通和合作，便能戰勝肺癌的煎熬。

紓緩治療

Q 紓緩治療需要更多的專業人士合作嗎？

A 對，因為紓緩治療覆蓋的範疇較廣闊，所以團隊內並非只有醫生。

護士：護士是醫生的左右手，比起醫生面對病人的時間更長。他們可以細心留意到病人有何心理及生理上的需要，再一一針對和轉告醫生。護士亦可以留意到患者的家庭關係，如得知有對治療不了解或有不同意見的親人，便可以和醫生聯手向家屬多作解釋和商量，希望能夠達成共識。

物理治療師：他們可以根據患者需要進行鍛鍊，改善患者的肺部功能和活動能力。尤其是手術後肺功能變弱，或晚期臥床患者都需要物理治療師的幫助。

營養師：接受癌症治療期間的患者，尤其是晚期的病人，都較容易有胃口欠佳和營養不良的情況。營養不良會引致疲倦、心情差、睡眠問題、抵抗力變差等。營養師可以針對這種問題給予建議並設計適合的餐單，來增強患者的體質和重量。

社工：如果患者有家庭或經濟上的困難，社工可以為他們作經濟評估和建議實質的緩助方案，如幫助申領一些合資格的政府基金，或聽取患者和家屬的負面情緒並給予安慰和調解。

心理醫生：如果社工和腫瘤科醫生未能解決患者或家人的心理負擔，仍有抑鬱、焦慮等情形，可能需要心理醫生介入，以藥物及專業輔導幫助。

中醫：中醫藥在紓緩徵狀、調理身體上有某程度上的作用，不少病人也考慮採用「中西合璧」的方案治癌。在不相沖情況下，中西藥是可以同時服用的。亦有研究顯示針灸能有效改善疼痛或治療後嘔吐的副作用。

Q 紓緩治療的服務模式為何？哪裡有這種服務提供？

A 其實紓緩治療的模式很廣闊，亦無分地點，醫生在門診亦可以進行。除非病人有嚴重症狀或情況轉差，才會入院處理。政府現時設有寧養治療醫院及善終醫院，如佛教醫院、沙田醫院、寧實醫院、明愛醫院等。而各大私家或公營醫院的腫瘤科都設有紓緩部門，亦有專門鑽研紓緩醫學的專科醫生可以提供服務，患者及家屬可以安心。

Q 醫生開了止痛藥給我，但有時候尚感覺痛楚，可以自行增加份量嗎？

A 病人或會因徵狀不受控制而自行增加服藥份量或次數；而相反地亦有一些病人因擔心副作用，自行減低藥量或甚至拒絕服用醫生處方的藥物。但事實上病人並不宜自行調校藥物份量，應盡量跟隨醫囑服用，因恐防會產生藥物過量或徵狀加劇的情況。病人遇到此等疑慮需要第一時間和醫生反映和徵詢他們的意見，才作藥物方面的調整。

肺癌外科紓緩治療

Q 甚麼是胸腔引流術？還有其他方法可以紓緩因為肺積水而引致的氣喘嗎？

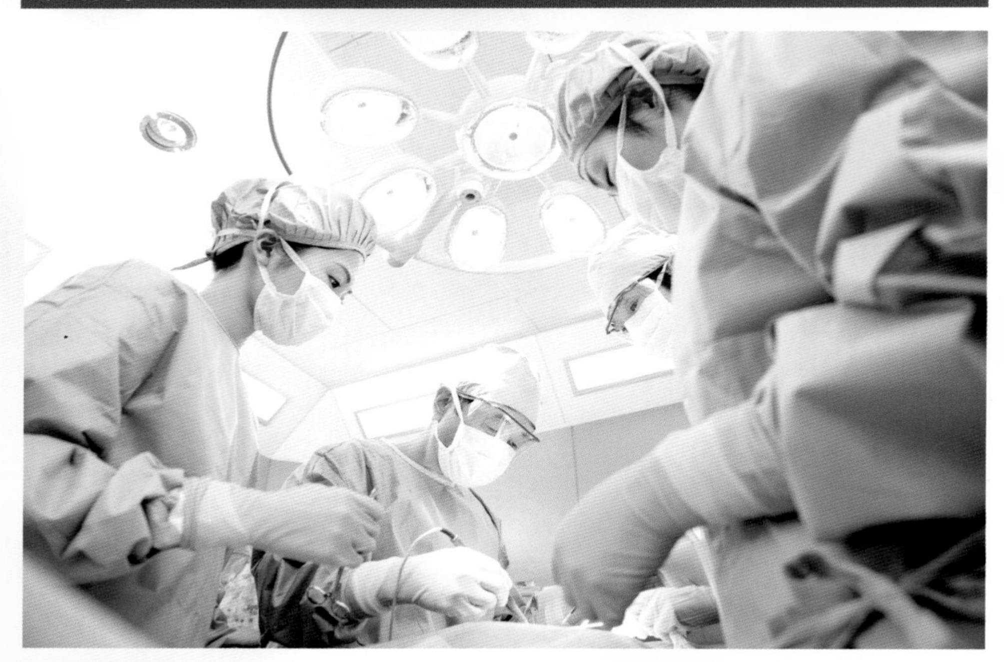

胸腔引流術

當肺癌進展至後期，約有 1/3 至一半肺癌病人會出現胸腔積液，俗稱肺積水。胸膜因受病變影響而產生積水，並壓住肺部，引起呼吸困難。患者會較易氣喘，無法躺下，甚至靜止狀態下亦有氣喘情況。

此情況下，醫生會為其進行檢查。因肺癌患者氣喘原因很多，故需先照 X 光，看其是否肺積水情況較明顯。其他原因亦要考慮，例如可能需照電腦掃描，以確定病人是否有淋巴腺癌症擴散、肺血管動脈栓塞或由肺癌引致的阻塞性肺炎。

肺癌外科紓緩治療

肺積水未必直接由癌細胞形成，有時可能是淋巴管阻塞引起，稱為乳糜胸(chylothorax)，又或其他原因引致的漏出液。

照X光後如發現真的是積液較多，一般會先進行胸腔引流，以尋找積水成因，確定到底是癌症直接引致？細菌感染？還是乳糜胸？或由心力衰竭導致？

肺積水個案中，由癌症引起的情況較為常見。如此為成因，患者可透過引流即時紓緩症狀，往後需考慮如何防止胸腔積液再次發生。因為如不尋找有效的預防方法，90%以上患者一個月後多會復發。

防止胸腔積液方法一般有兩種，一種為胸膜固定術(Pleurodesis)，少數病人如身體情況許可便會安排這種外科手術，因其成功率逾九成。但很多時候患者到此階段，身體未必能承受外科手術，便會做藥物性的胸腔固定術。原理為透過注射藥物，令胸膜產生發炎現象，待其癒合後便會將胸膜固定，令其沒有空間再積水。但此方法的缺點為有效期只得約3至6個月。

另一種方法為留置式胸腔引流術(indwelling pleural drainage)，醫生會透過小手術，在胸腔永久植入一條直徑約4至5毫米的膠管，讓患者可在家居進行胸腔引流。好處為患者：1) 毋須入院；2) 毋須每次受插針之苦；3) 可完全掌握自我護理，每天保持最佳狀態。患者初期需一星期引流3次，但大部分患者引流次數會隨時間慢慢減少，可能2星期才需進行一次。

肺癌外科紓緩治療

透過留置式胸腔引流術，約50%患者不需透過藥物也能自動形成胸膜固定術，原因為患者可經常將積液引流體外，從而增加胸膜癒合時間，即使不進行手術，胸膜也可自行癒合。有一半患者可將永久植入的留置式胸腔引流喉管拔除，仍可達到永久性胸膜固定術的效果。

腹式呼吸

患者可以使用腹部控制呼吸，以減少氣喘情況。一般做法為患者可將手置於腹部上方，吸氣時腹部會微微貼著自己手掌，呼氣時手掌微微向內按下，幫助排氣，有助減少氣喘不適感。

真實個案

64歲程先生為肺癌患者，過往仍可行山，但近來因咳嗽一個月未癒，發現走路愈見困難，最近兩星期情況更急轉直下，連下床也有困難。遂往求診，醫生發現其有胸腔積液，兩邊肺部有瀰漫性肺癌擴散現象。抽取肺積水後，病人徵狀有所紓緩，但仍覺得走路氣喘，逾一半時間需臥床，透過化驗發現患者有肺腺癌，並帶有Exon 19基因突變，因有擴散故並不宜做手術。醫生遂向其處方標靶藥物，服用2星期後，病情明顯好轉。一個月後覆診，患者已可再行山。此後，患者繼續服用標靶藥物兩年，其後發現有復發現象，遂接受化療，但半年後氣喘又再加劇，醫生發現其胸腔又再次積液，下床亦有困難。由於其胸腔積液較為明顯，遂為其進行留置式胸腔引流，兩日後便可出院。往後他可在家進行胸腔引流步驟，每次約半小時，最初由一星期3次，逐步減少至3至4星期一次，3個月後，則整個月也不需做胸腔引流，醫生遂為其移除引流管，之後亦發現程先生再沒有胸腔積液現象。

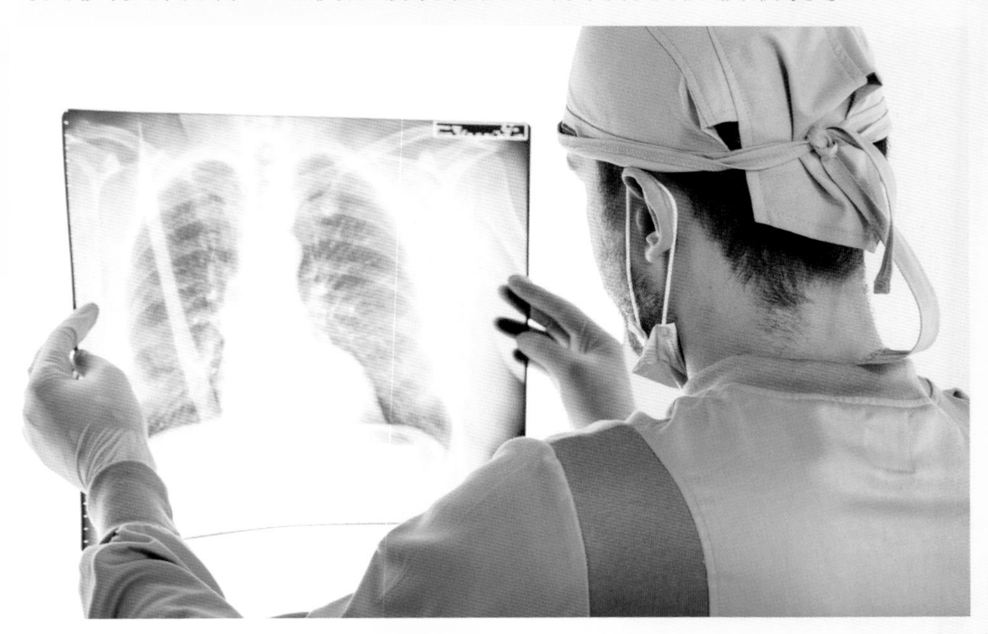

肺癌外科紓緩治療

Q 紓緩治療是什麼？

A 紓緩治療乃指病人已無法透過治療得到根治，其時的治療將以紓緩徵狀為主。需要接受紓緩治療的病人通常病情比較嚴重，多為第四期患者。需要有不同專科的醫護人員共同組成一個跨專科團隊（Multi-disciplinary team），當中包不同專科的醫生、護士、社工、臨床心理學家等等，陪伴病人與其家人面對這治療過程。

紓緩治療除了關注病人本身之外，亦會一併為病人親屬提供支援。病人親屬需要對病人狀況深入了解，有需要時協助處理一部分情況。另外，病人親友雖未能與病人分擔肉體上的痛楚，但他們見證病人受病魔煎熬時，心理亦可能受一定影響，或有需要接受相關輔導。

Q 具體可為病人進行什麼紓緩治療？

A 肺癌發展至後期時，氣喘、疼痛、咳血，是病人常面對的問題。將徵狀減少，甚至加以控制，就是外科醫生能於這階段做的事。

▼疼痛：

肺癌病人會因不同原因感受到痛楚。其中有可能是肺癌擴散到骨骼

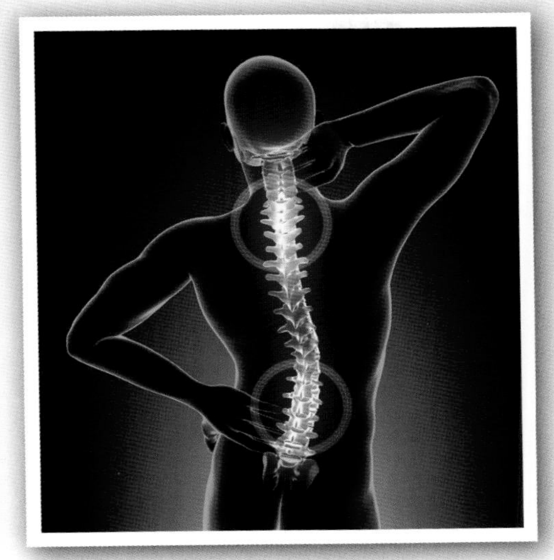

所致。初時可能服用止痛藥尚能控制，但到後期可能服藥亦無助紓緩痛楚。假如擴散至脊椎骨，除了會帶來痛楚，脊椎亦可能碎裂、塌下，繼而影響中樞神經。如果下部的中樞神經受損，將影響下肢活動，上部（例如頸部）的中樞神經受損，則可能引致全身癱瘓。正因情況可以如此嚴重，故在脊椎擴散尚未影響中樞神經時，可能需要配合電療、化療以免情況演變至此，並按需要請骨科、神經外科醫生介入為病人的脊椎進行鞏固手術。另一例子，就是當癌細胞擴散至大腿骨時，腫瘤科醫生安排電療、化療之外，也需骨科醫生經衡量後可以先為病人進行鞏固手術，以預防骨折出現，減少痛楚，維持病人活動能力。

▼氣喘，呼吸有響聲：

當腫瘤或有擴散的淋巴腺長在氣管附近，可能會壓扁氣管或侵蝕進氣管管道內，令氣管通道變窄，造成呼吸困難，令呼吸時發出“vi vi”的聲響。更甚者，堵塞氣管可引致窒息死亡。視乎氣管的狹窄程度，可利用不同處理方法撐闊氣管，把氣管管內腫瘤移除，打通氣管。

肺癌外科紓緩治療

病人需要全身麻醉，心胸肺外科醫生將硬氣管鏡放入氣管中，直接將氣管撐開以進行擴張，又或將其他儀器透過氣管鏡伸入到患處，進一步把氣管擴張（例如球囊擴張），並將堵塞氣管的腫瘤移除或用激光燒毀。採用上述方式有一定危險，過程有可能會有流血，氣管穿破，甚至死亡。

即使手術能成功擴張氣管，也非一勞永逸。由於氣管有可能會塌下，或腫瘤繼續生長，再令氣管閉塞，故此醫生可能因應情況從氣管鏡放入支架支撐氣管。支架有可能上下移位，甚至因移位而堵塞氣管，造成窒息死亡。即使沒有移位，也可能因逐漸積聚氣管的分泌物，或長出肉芽而引致堵塞。由於此項治療具一定危險性，故如非必要也不會採用，但情況需要時就別無他選。

▼吐血：

肺癌有可能侵蝕血管引致流血，並經由氣管吐出，嚴重可致命。如果只是流出少量血液，例如痰中帶血絲的程度並無大礙，服用止血丸即可得到紓緩。比較嚴重的情況是吐出整口血，甚至不停大量咳血，容量可多至數杯，服用止血丸亦無效。大量出血固然危險，但大量咳血最危險的原因，是氣管積血可致窒息死，因此大量咳血屬於極為緊急的狀況，必須馬上處理。在情況許可之下，醫生會馬上為患者插呼吸喉，堵截流血的一邊，以確保尚有一邊肺部可進行呼吸。穩定後，可用硬氣管鏡進行止血。

氣管內出血時，可利用冰凍過的生理鹽水或其他技術對流血源頭進行冷卻止血、利用激光止血，又或用腎上腺素藥物幫助控制，繼而達止血之效。有需要時只可用儀器堵塞出血的氣管。這些都是可供選擇的紓緩方案，但未必奏效。即使成功止血，待血液凝固後仍然會堵塞氣管，窒礙呼吸，仍需放入硬氣管鏡，並利用儀器伸進氣管內將凝固的血塊逐少取出。

▼胸腔積液：

肺部是一個像海綿一般的軟組織，肺表面的胸膜和肋骨內壁的胸膜之間在正常情況底下只有極少液體存在。

胸腔積液是胸腔內液體的異常積聚，而肺癌是其中一個原因。如果胸腔積液增加，便會逐漸壓逼肺部，甚至有可能將其壓扁。對於擁有正常肺功能的人士而言，即使肺部被部分壓扁，肺功能未必會受太大影響，未必引起氣喘，可能只在需要加大運動量，例如快速行走時才會氣喘。但情況通常並不嚴重，因為還可以靠另一邊肺呼吸。隨著積水愈多，更多肺組織被壓，其時心臟、縱膈亦會受壓逼移位，影響呼吸及血液循環，嚴重可以致命。

處理胸腔積液須於病人體內放置胸腔引流管，將積液導引出來，肺部才有機會再次鼓脹起來。除了引流法之外，還可為患者進行胸膜黏連術，減少胸腔積液復發機會。

肺癌外科紓緩治療

進行胸膜黏連術前，需要先為病人進行局部麻醉，然後經胸腔引流管從體外注入抗生素類、化療類藥物，又或刺激性藥物如硝酸銀（silver nitrate, AgNO3），糊狀滑石粉（talc）到胸腔內，讓兩塊胸膜產生炎症，繼而黏連，這樣便能減少胸腔積液。此外，還可在手術室用胸腔鏡協助下，利用儀器把粉狀滑石粉（talc）均勻地帶到胸腔內每一個角落，以達致黏連效果。

較輕微情況

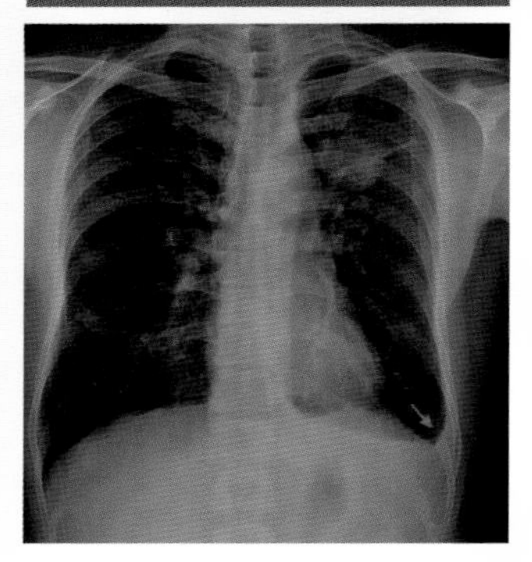

▲腫瘤位於左上肺葉，已有胸腔積液，屬第四期。

嚴重情況

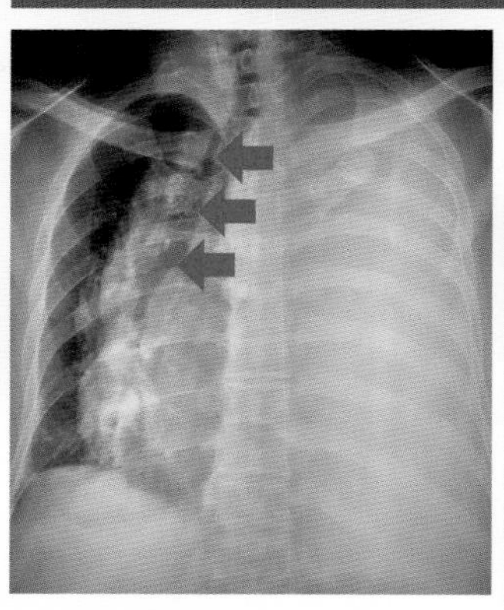

▲圖中的胸部 X 光片顯示，左胸腔積液的情況非常嚴重，由積液形成的壓力已把縱膈推到右邊，影響心肺功能，有生命危險，屬於非常嚴重的個案。

▼此個案見右胸腔出現嚴重胸腔積液，縱膈已被推到左側，正以胸腔引流助患者紓緩症狀。

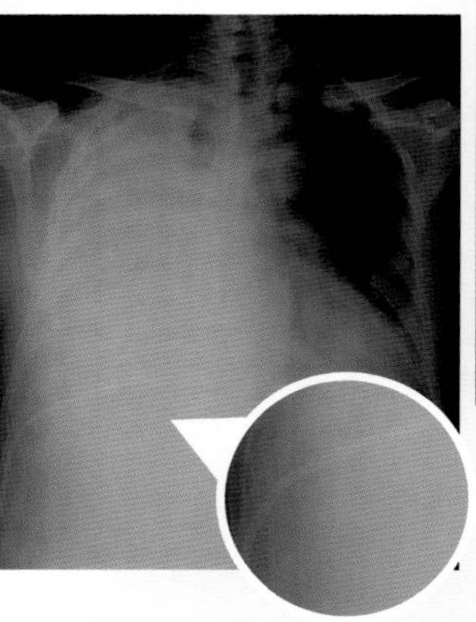

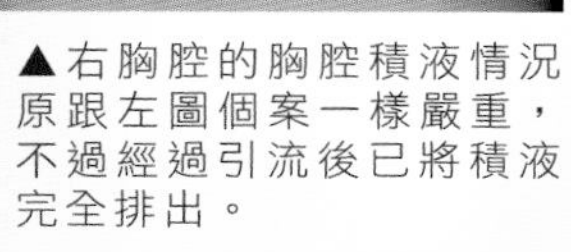

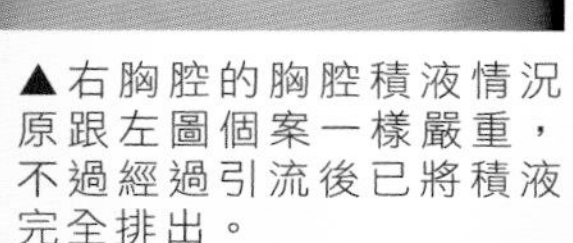

▲右胸腔的胸腔積液情況原跟左圖個案一樣嚴重，不過經過引流後已將積液完全排出。

使用胸腔引流管將積液排出後，肺部有可能仍然無法重新鼓脹起來，在這情況下注射藥物，也沒有太大效用，故胸腔會不斷積液，又或者頻密出現積水。要處理這種情況，可幫患者放入內置胸腔引流管(Indwelling Pleural Catheter)。這種引流管同屬胸腔引流管的一種，不過比一般胸腔引流管更幼身、柔軟，並可以長期放置在患者體內。內置引流管會與一個外置的引流容器相連接，放便每天都排出積液，確保肺部不會受壓，以達紓緩徵狀之效。

▼心包積液：

心包膜是包覆著心臟的薄膜，內層緊貼心臟，外層和內層之間存在極少量的積液以起潤滑作用。假如腫瘤已經侵入到心包膜或心臟，會造成心包積液。 心包膜的積液一旦過多，將會擠壓到心臟，影響心臟功能，患者會出現氣喘、心悸，嚴重的會心臟衰竭，甚至死亡。

治療心包膜積液需要將積液排出，方法有二。第一就是讓醫生採用心臟超聲波導引刺針，於心包膜積液位置進行體外穿刺，將積液吸出。雖能將積液抽走，但腫瘤問題入侵心包膜心臟問題尚未解決，日後有機會再次引致積液，因此上述方法只治標不治本，但勝在容易安排和創傷比較少。

第二是為患者進行心包開窗手術(pericardial window)，可採用微創方式或開胸形式進行。手術須讓醫生於患者胸腔肋骨與肋骨之間開出一道小傷口，並於心包膜表面製造一道「窗口」，讓積液排出。手術時可將抽出的積液，連同心包膜組織也能取去化驗，確認癌細胞是否已擴散至心包膜。由於心包膜表面小窗不會馬上復原，因此在傷口癒合期間，如再有積液都會流到胸腔。心包面積比胸腔小，由於胸腔有較大接觸面，故吸收分泌能力比心包高。

【第五章】

心理篇

潘智文醫生【心理篇】

心理篇

如果說，癌症是最讓人感到絕望的疾病，應該大部分人都會贊同。治療癌症的過程相當漫長，對病人及其家屬來說，每個階段都會有不同的擔心和恐懼。所以腫瘤科醫護團隊除了要治療患者的身體，也需要細心留意他們的情緒。

患癌的四個心理階段

等待結果

一般市民對癌症的意識普遍偏低，誤以為是一件「事不關己」的事情。事實上這惡疾卻比想像中常見，悄悄地就在身邊出現。可惜不少人也會有逃避及僥倖心理，例如當醫生告知其肺部掃描結果有可疑陰影，懷疑是癌症時，很多人都會表露不相信、不接受的情緒。在前景不肯定、不明朗的時候，恐慌特別大，尤其是等待檢查結果的時間。懷疑癌症的個案理應該盡快進行檢查，最理想的情況應在一至兩周內得出檢查結果，無奈往往事實並非如此。在某些醫院檢查需要排期，抽組織檢驗或照電腦掃描動輒需要等待數個月，在這段期間患者定會有不安、恐懼、焦慮、哀傷甚至憤怒的情緒，即使是向來樂觀的人也不是一時三刻能夠調節。

確診

在被告知確診患上癌症後，大部分人都未能即時接受，需要時間緩衝。「為什麼是我？」這等問題會在內心纏繞，亦不乏抱著內疚心態的患者，覺得是因為自己做錯事才會患癌。同時他們亦會感到自責，覺得害了家人，成為了家庭的負擔。在剛剛確診的階段，患者對病情還沒了解時，醫生應該多花時間在這個關口，盡量細心解釋，並聽取所有疑問。即使有一些回答不了的問題，也要耐心聆聽。若然不仔細解釋清楚的話，患者容易一直被負面情緒纏繞。

其實除了病人以外，其家人的情緒一樣會受到影響，他們的憂傷和彷徨絕不會比病人少，所以醫護人員亦要好好注重家人的心理狀況。亦曾經有些家人要求醫生對患者隱瞞真相，也有病人不願讓家人得知病情。但縱然不想家人情緒受影響也不應隱瞞事實，一起互相扶持總比獨個走好。

治療

踏入治療階段，部分患者雖然已經了解及接受事實，但仍然會有多種複雜情緒，其中大部分是因為治療副作用而起。化療後的副作用包括疲累、胃口減退、脫髮、睡眠質素差、食慾不振等，這些不適會帶來抑鬱情緒。同時，患者長期臥床休息可能會勾起很多不愉快的思緒，把過去與現在比較。故醫生會鼓勵患者在療程中精神許可時多出去走動，參加社交活動並做輕量運動，能有效放鬆心情、幫助睡眠，減少負面情緒。

與此同時，缺乏醫學知識亦會令患者感到恐懼與焦慮。醫生會盡量以符合患者知識水平的方式，解釋治療方案予患者及其家人，讓他

心理篇

們參與決定治療方案。患者應該信任醫生的專業診斷而非盡信坊間的傳言或親戚的經驗。曾經有一名年輕早期肺癌病人不願意接受手術治療，反而聽信親戚往內地接受其他另類療法，八個月後覆診發現肺癌已經擴散成晚期，十分可惜。

經濟狀況也是很多患者在治療期間憂慮的問題。癌症治療目前越來越多樣化，不少新的治療方案出現，治愈率也有上升趨勢。以往晚期患者只有大約半年壽命，但現在不少個案可以延長至數年，期間可能需要持續用藥才能延續生命。例如肺癌常用的標靶藥物每個月動輒需要五位數字金錢，經濟負擔可見一斑。醫生需要了解病人經濟狀況，再轉介合適的服務。公營或私營？有資助基金適合嗎？可以考慮非專利藥物嗎？在有需要時更可聯絡社工跟進。

復康

在治療告一段落，例如在肺部手術後，患者的身心都需要逐步復康。患者在術後的身體會較為虛弱，肺功能亦減退。生理影響心理，患者會覺得身體大不如前，繼而產生挫折感。醫生會為患者安排物理治療及呼吸鍛煉，在肺功能、體能及營養方面多下功夫，加速患者復康進度。

即使滿意身心復康的進度，但有些患者仍然會因患癌經歷感到憂慮，害怕復發，有些病人每次覆診前還會因恐懼失眠。畢竟癌症是可致命的病症，擔憂在所難免。醫生或家人可以開導患者，提醒他擔憂是無補於事。應該享受珍貴的每一天，積極樂觀地面對生命，「活在當下」。生老病死是人生必經階段，希望能在這過程中領悟到生命的真正意義，放下執著，把握生命中每種人和事，發現原來一呼一吸也是彌足珍貴的。

如何控制負面情緒？

對付負面情緒，患者不應封閉自己，並應盡量表達情緒予醫生及家人，多點主動溝通。除了傾談以外，醫生會建議患者多點保持正常活動，像是社交、上班、培養嗜好、運動鍛煉等等，做會讓自己感到愉快的事，哄自己開心，尋求生命樂趣，保持生活質素。閒時亦可以考慮上網或看書，多認識有關肺癌的正確資訊，讓自己更主動掌握治療。

若然患者情緒低落至無法傾談，可能是病態抑鬱，家人需要留意並告知醫生，醫生會處方情緒藥物或幫助入睡的藥物于患者，以紓緩他們的情緒及提昇患者的睡眠質素。

作為患者家人……

醫生無法24小時看顧病人，家人才是患者最重要的照顧者。患者家人承受的壓力不遑多讓，家屬除了照顧病人，同時亦要維持自己生活，建議可以協調好不同家人輪流照顧患者，令照顧者有喘息的空間。家屬不妨抱著開放的心態，讓患者感到有正面的支持。不需要過分恐慌，亦不要魔化癌症，與患者一同認識多一點。在照顧方面，不宜過分保護患者。很多患者家屬會禁止他們外出、要他們戒口，其實不需要如此嚴謹。如上文所言，保持正常活動和飲食對患者情緒和身體都有好處。

【第六章】

復康篇

黃敬恩醫生 / 楊重禮醫生【復康篇】

復康篇

Q 術後需要有何跟進嗎？

A 一般情況下，患者完成手術後，便需每 6 至 12 個月進行監測，為期兩年。監測包括電腦掃描，亦要看看患者有否不適徵狀，如有懷疑，會安排接受正電子及電腦雙融掃描 (PET/CT SCAN)。兩年後便會每年做一次電腦掃描。一般如患者情況穩定長達 5 年，復發可能便會大大減低。

如接受化療或標靶治療，患者需每月覆診，驗血及檢驗癌指數，照 X 光或接受電腦掃描，以及早掌握有否早期復發跡象。

Q 手術後有何復康可以馬上進行？

A 完成手術後，仍然留院之時，病人有一些復康練習需要進行。知覺一恢復，就已經可以開始慢慢進行深呼吸。(詳情可參考第二章) 物理治療師會幫病人進行物理治療，指導患者進行深呼吸，並會給予病人一個誘發性肺量計 (Incentive spirometry)，可用以練習和測試病人深呼吸的吸氣量是否充足，每小時能夠做到 10 至 15 下深呼吸已經很理想。

須知活動手腳是復康非常重要的一部分。手術翌日，病人需要多嘗試在床上坐直和伸展手腳。如果情況許可，於椅子上坐直更為理想。病人亦可嘗試站立，甚至帶同引流箱在病房中走動 (通常術後 2 日已能做到)。

復康篇

Q 出院後有何復康可以進行？

A 肺癌手術完成出院後，絕對毋須家人幫忙餵食或協助洗澡。唯需謹記，即使出院歸家，仍要盡量活動及繼續進行深呼吸，避免久臥在床。可以的話，每日到樓下或公園散步，保持身體活動。

個案分享：

大部分病人出院後都能夠做多一些的運動，例如散步。病人於出院一周後，已經能夠從地下慢慢走上 2 樓。有病人切除肺葉後一星期，已經能夠每日走上 5000 步，極為值得鼓舞。亦有病人 6 至 8 星期後已經能夠在公路上騎自行車，每次約 30 至 40 km。

【第七章】

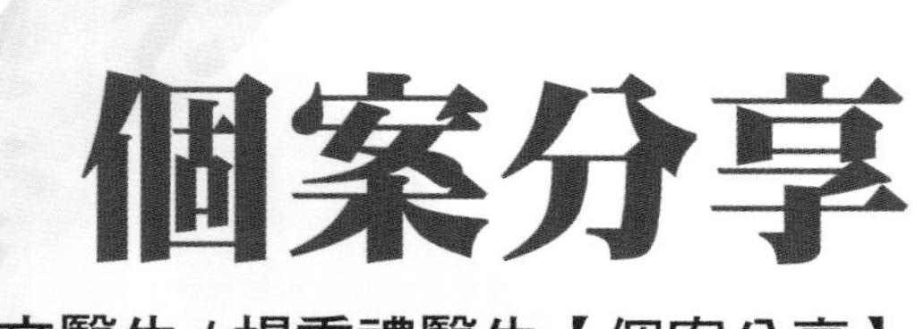

個案分享

潘智文醫生 / 楊重禮醫生【個案分享】

個案分享

45 歲的 Henry 是一名金融才俊，很年輕的時候已賺了第一桶金，是同輩眼中的「人生勝利組」。他已婚，育有 4 歲和 6 歲的一對子女，妻子已辭去工作照顧寶寶。作為家庭經濟支柱，其實 Henry 的工作壓力頗大，經常需要與客戶應酬，自己亦愛和朋友出外消遣，煙齡和酒齡已達十多年，生活不健康之餘亦無暇照顧家庭。

在開始頻繁咳嗽時，Henry 不以為意。他覺得作為煙民，痰多咳嗽是平常事，加上認為自己只是 40 多歲，身體應該不會「咁唔好彩」這樣早出現問題，所以沒有去進行檢查。這情況持續了半年有多，Henry 咳嗽越來越嚴重，亦漸漸消瘦和感覺疲倦。但他仍然把這歸咎於工作壓力，認為只是抵抗力變差之故。

個案分享

最後説服他前往檢查的，是咳出的一口鮮血。Henry和妻子開始擔心，有點不祥的感覺，立即前往求醫，太太告知醫生Henry之所以抗拒求診，是因為他有肺癌家族史，爺爺與叔父都因肺癌過世，讓他產生了逃避心態。

經初步檢查後，醫生發現Henry肺部接近主氣管位置存在陰影，週邊淋巴亦有腫大的情況。透過氣管鏡抽取組織化驗後，證實Henry患上第三期腺性肺癌，病灶約4厘米，縱膈淋巴亦有數個1至2厘米的腫瘤。雖然還未擴散至肺部以外，但屬於中後期，未能直接做手術。要先做化療和放射治療把腫瘤縮小，再以手術切除。Henry當時非常擔心徬徨，他以為把腫瘤切除就可一了百了，沒有預計到需要先做其他輔助治療。不過他的求生意志很強，為了太太和年幼子女，必需堅持下去，秉承他一貫的拼搏精神。但Henry也會實際地問醫生自己的生存機會，想去規劃往後的實際安排，作最好和最壞的打算。

幸好在接受過化放療階段後，Henry的腫瘤縮小了約6至7成，並隨即接受手術將右上肺和部分縱隔淋巴切除，完成了根治性目標的治療。

肺癌患者手術後首兩三年是復發高峰期，所以Henry在術後亦接受定期檢查，密切跟進癌指數。他的生活漸漸回歸正軌，雖然心裡還是忐忑，擔心病情轉差，但醫生亦安慰Henry說：「你已盡心盡力對抗這個癌症，接受了最適切的治療，往後的事情無法預知，倒不如正面面對，好好與太太和小朋友享受些Quality Time吧。」的確，

個案分享

Henry在得此病後頓覺自己以往忽略了妻子和一對年幼子女，只顧工作應酬，沒有盡到丈夫和父親的責任，現在才領悟人生中，家人和健康是最重要的，雖然換來這覺悟的代價不少，但Henry仍感恩上天給他的當頭棒喝。

好景不常，兩年後Henry出現了新的徵狀，感覺氣促加劇，容易疲累及骨痛，前往檢查時發現右肺有積水，脊骨和盆骨都出現擴散點。醫生為Henry做了癌細胞基因檢測，發現沒有基因變異，不適宜服用標靶藥物，限制了他的治療選擇。所以Henry接受了化療配合抗血管增生藥物，並加上針對骨轉移的補骨針，在六個基本療程後病情受到控制。因效果理想，更進一步繼續持效治療，目的是推遲復發時間。Henry心裡知道總有一天治療會出現抗藥性，但他只希望能夠多一天便是一天，能陪伴小孩成長，每分鐘也是彌足珍貴的……

個案分享

治療肺癌，可謂一個長期抗爭的過程。在接受持效治療大約一年後，Henry 的病情又再次告急，發現癌細胞已擴散至肝臟。到達這個階段，醫生希望能夠幫患者延長生命的同時，亦能使用副作用較少的藥物，盡量去維持病人的生活質素，在這關口，剛巧免疫治療藥物面世，決定讓 Henry 一試。Henry 透過免疫治療成功再一次控制體內癌細胞，開始用藥至今已經兩年有多。根據研究數據，三分之一對免疫治療有反應的晚期肺癌患者能夠延長至少兩年生命，「帶瘤生存」不再只是夢。現在 Henry 最享受的，已不再是擁有最新形號的 Ferrari，也不是飲 1982 年的 Lafite 紅酒，而是每朝醒來看見太太和兒女的臉，每一口呼吸亦變得珍貴，且行且珍惜，亦期盼有更多更新的藥物可以使用，幫他繼續延續生存的希望，陪伴著小寶貝一天一天的成長。

個案分享

背景：

第 I 期與第 II 期肺癌的治療方法相近，開始時基本都是利用手術治療，以期將腫瘤全部切除，達根治性治療效果，如有需要再加化療。然而由第 III 期肺癌開始，未必可以以手術治理，須視乎個別情況而定。

▶個案 1

A 小姐，49 歲，身體一向健康，從沒吸煙，全無病徵，直到向新公司求職並接受身體檢查時，才從 X 光檢查中發現肺部有陰影，於是求診，並按醫生建議接受掃描檢查。

進行過電腦掃描及正電子掃描後發現，A 小姐肺部陰影只局限於右上肺葉，大小為 1.5cm，而淋巴腺、縱膈、腹腔、骨及其他地方未受影響。其後，A 小姐放棄以體外刺針取得肺部活組織化驗，而選擇進行手術時即時急凍切片，證實為非小細胞肺腺癌。綜合上述檢查結果，證實 A 小姐患上肺癌第 I 期，可望利用手術徹底切除來根治。

解說

第 I 期肺癌：腫瘤體積較小，淋巴腺沒有受影響，可以利用手術根治。

第 II 期肺癌：可以是腫瘤體積較大 (≧ 7cm)，但淋巴腺仍未受影響。又可以是區域性淋巴腺已受影響 (N1)，而手術仍對病情有幫助。例如腫瘤位於左上肺葉，並只影響左上肺葉淋巴腺或同側肺門淋巴腺，也仍然可以進行手術治療。

個案分享

楊醫生為A小姐進行胸腔鏡輔助手術（VATS, 即微創手術）將右上肺葉切除，連同縱膈淋巴一併切除。手術完成後第1天，醫生要A小姐嘗試坐起來，在物理治療師協助下嘗試下床行走。需要進行深呼吸，有痰液則需要咳出。第3天，沒有太多積液流出，肺部已經重新鼓起，於是A小姐得以拔除引流管，第4天出院回家。回家後，A小姐遵照醫生建議，避免長時間躺臥，多做深呼吸，盡量多走動，康復良好。

解說

A小姐的情況屬肺癌典型個案。由於身體普查變得普及，不少人皆在全無任何徵狀出現的情況下發現肺部腫瘤。假如淋巴中只含很少的癌細胞，不夠活躍，未必能從透過掃描中顯示出來，因此，即使沒從掃描中檢測出淋巴有癌細胞，仍然需要將淋巴一併切除。

個案分享

▶個案 2

B 先生年約 60，因持續咳嗽求診。X 光肺片發現左上肺葉有一個 3cm 腫瘤。從痰液樣本檢驗出肺癌細胞。正電子電腦掃描見同側縱膈有兩粒淋巴有少許腫大，還有同側肺門附近也有一粒淋巴有少許腫大，每粒大小約 1cm，正電子掃描顯示該兩粒淋巴只是有點活躍。假若位於縱膈的淋巴並不活躍，但體積稍大，也叫人擔心是縱膈淋巴是否出現了轉移，其時的期數將屬肺癌第 IIIA 期。

解說

確認癌細胞是否已蔓延至縱膈淋巴，對治療方案起著決定性作用。如果手術前已證實癌細胞已廣泛地擴散至縱膈淋巴時（第 IIIA 期），甚至已擴散更遠，其時即使將腫瘤所在的肺葉連同縱膈淋巴切走，都未必足夠，故在這種情況下，手術並不是首選的治療方法。

楊醫生選擇了以氣管鏡超聲波 (EBUS) 配合食道超聲波 (EUS) 將縱膈淋巴組織抽出並進行化驗。結果發現 B 先生的縱膈淋巴還未被影響，即肺癌仍是第 II 期，可接受手術，於是為其進行胸腔鏡輔助手術 (VATS) 將左上肺葉、同側肺門淋巴和縱膈淋巴切除。最後病理化驗結果確定左上肺葉的腫瘤是肺癌 (3.5cm)，同側肺門淋巴已有擴散，但縱膈淋巴未見癌轉移，即第 IIA 期。

個案分享

肺癌全攻略

作者	潘智文醫生、黃敬恩醫生、楊重禮醫生
出版人	司徒毅
編輯	陳秀清、鍾穎嫦、彭天諾、張少萍
市場推廣	朱頌恩、霍詠心、曾捷欣
美術設計	冼浩然、江莉莉
出版	健康動力有限公司
	香港九龍旺角彌敦道582-592號信和中心1701室
電話	(852) 2385 6928
傳真	(852) 2385 6078
網址	www.healthaction.com.hk
發行	香港聯合書刊物流有限公司
	香港新界大埔汀麗路36號中華商務印刷大廈3字樓
電話	(852) 2150 2100
傳真	(852) 2407 3062
電郵	info@suplogistics.com.hk
印刷	百樂門印刷有限公司
	香港將軍澳工業邨駿盈街8號1樓
出版日期	2017年12月
定價	港幣$88
國際書號	978-988-12429-5-2

Health Action Limited 2017
Published and printed in Hong Kong
如有印裝錯誤或破損，請寄回本公司更換